천년의 기다림

참매 순간을 날다

천년의 기다림
참매 순간을 날다

2013년 12월 16일 초판 1쇄 발행
글과 사진 박웅

펴낸이 이원중 **책임편집** 김명희 **디자인** 이향란
펴낸곳 지성사 **출판등록일** 1993년 12월 9일 **등록번호** 제10-916호
주소 (121-829) 서울시 마포구 와우산로 3길 27 **전화** (02) 335-5494~5 **팩스** (02) 335-5496
홈페이지 www.jisungsa.co.kr **블로그** blog.naver.com/jisungsabook **이메일** jisungsa@hanmail.net
편집주간 김명희 **편집팀** 김재희 **디자인팀** 이향란

ⓒ 박웅 2013

ISBN 978-89-7889-279-7 (03490)
잘못된 책은 바꾸어드립니다. 책값은 뒤표지에 있습니다.

이 도서의 국립중앙도서관 출판시도서목록(CIP)은 서지정보유통지원시스템 홈페이지(http://seoji.nl.go.kr)와
국가자료공동목록시스템(http://www.nl.go.kr/kolisnet)에서 이용하실 수 있습니다. (CIP제어번호:CIP2013025476)

천년의 기다림
참매 순간을 날다

글과 사진 **박웅**

지성사

책을 펴내며....

국내에서 처음 참매천연기념물 제323-1호의 둥지를 발견한 것이 2006년 봄이었으니까 참매 사진을 찍은 지도 벌써 8년의 세월이 흘렀습니다. 그때까지만 해도 참매는 가을에 우리나라를 찾아와 겨울을 나고 봄이 되면 다시 북쪽으로 돌아가는 겨울 철새로 알고 있었습니다. 그런데 처음으로 국내에서 참매 둥지를 발견하고 그곳에서 새끼를 키우는 번식 생태를 직접 관찰하게 되니 그저 그 사실만으로도 가슴이 벅찼습니다. 긴 시간 사진을 찍으면서 참매의 카리스마 넘치는 매력에 점점 빠지게 되어 기록을 위한 사진이 아니라 야생에서의 진정한 참매 모습을 찍고 싶은 의욕이 생겼습니다. 그 무렵은 야생 조류 촬영에 흠뻑 빠져 있을 때라 봄이 되면 둥지를 짓고 새끼를 키우는 여름 철새는 물론이고 곁에서 우리와 함께 지내는 텃새의 번식 장면까지 두루 가리지 않고 찍으러 다녔으며, 겨울이면 겨울 철새들이 도래하는 곳으로 달려가 밤낮을 가리지 않고 사진을 찍어서 제법 야생 조류 촬영에 일가견이 있다고 자부하던 시절이었습니다. 그러나 참매를 찍는 것은 만만치가 않았습니다.

  참매 둥지가 있는 곳은 어김없이 깊은 산속으로 외부의 간섭이 전혀 없는 곳이기에 둥지 근처까지 접근하는 일부터 힘들었습니다. 야생 조류를 찍기 전에는 산 사진을 찍

어서 카메라 가방을 메고 산에 오르는 것은 나름 자신이 있었는데도 말입니다. 무엇보다 가슴 졸이는 일은 사진을 찍기 위해 둥지 근처에 위장막이나 위장 텐트를 설치하고 좁은 그 안에 들어앉아 참매의 눈치를 봐야 하는 일이었습니다. 무거운 카메라 장비를 메고 헉헉거리며 겨우 위장 텐트 가까이에 다다르면, 이미 접근을 눈치챈 참매가 텐트 근처까지 날아와 가슴을 후벼 파는 듯한 날카로운 경계 소리를 내질러 마치 죄지은 사람처럼 허겁지겁 텐트 속으로 숨어야 했습니다. 땀은 비 오듯 하고 숨은 턱에 차는데 내 공간이라 생각되는 위장 텐트 속에서조차 마음 편히 움직일 수 없었습니다. 참매란 녀석, 어찌나 예민한지 텐트 안에서 부시럭거리는 소리가 나거나 살짝 움직이는 낌새가 있으면 텐트 근처의 높은 나무에서 내려다보면서 날카롭게 울어 댔습니다. 한 음씩 똑떨어지는 스타카토 음절로. 마치 쇠끼리 부딪치며 내는 날카롭고 단말마적인 그 소리는 소름을 돋게 할 정도였습니다. 보이지도 않는 참매가 경계를 늦추고 조용해질 때까지 위장 텐트 속에서 숨죽이며 기다리는 그 시각은 참으로 지루하고 힘들었습니다.

그렇게 둥지 가까이 찾아드는 일도 조마조마했지만 하루 종일 둥지를 쳐다보며 새끼 키우는 모습을 찍는다는 것 역시 즐겁지만은 않았습니다. 올망졸망 새끼들의 움직

임을 볼 때는 어린 아기를 보듯이 신기하고 귀엽지만, 그것도 잠시 어미를 기다리는 새끼들이 둥지 바닥에 널브러져 꼼짝하지 않으면 그때부터는 덩달아 나도 긴 기다림의 시간을 보내야 했습니다. 어린 시절 볼일 보러 나가신 어머니를 기다렸던 심정으로 어미 참매가 둥지로 들어오기를. 한 시간, 두 시간이 지나고 한나절이 지나면 사진 찍는 것을 포기하고 싶은 유혹에 시달리게 됩니다. '이 시간이면 사진 찍기 편한 곳에서 아름다운 새들의 멋진 번식 장면을 기분 좋게 찍을 수 있는데 그 사진들을 포기하고 이 고생을 꼭 해야 할까?' 하는 생각에서부터 '작년에 비슷한 장면을 찍었는데 올해 또 찍어야 하나?' 하는 생각까지. 불쑥불쑥 위장 텐트 속에서 철수할까 말까를 고민하지만, 어렵게 이 산속까지 들어와 힘들게 촬영 조건을 맞추는 등 그동안 투자한 시간이 아까워서 주저앉기를 수십 번 되풀이 했습니다. 그렇게 매년 똑같은 갈등을 반복해 겪으며 8년이란 시간이 흘렀습니다.

참매에게는 사람 외에 뚜렷한 천적이 없지만 참매에게 잡아먹히는 새들로서는, 참매와 같은 포식자를 피해 무사히 새끼를 키워 내는 것이 보통 일은 아니라는 사실을 참매의 번식 장면을 찍으면서 알게 되었습니다. 참매는 새끼를 키울 때에는 주로 산

속에서 사냥을 합니다. 먹이가 되는 다른 새들도 주변에서 번식을 하기 때문입니다. 참매의 사냥 습관은 아프리카의 사자나 표범의 그것처럼 사냥감이 가까이 다가올 때까지 매복을 하고 있다가 순식간에 사냥을 해치우기 때문에 그 순간을 사진에 담는다는 것은 사실 불가능하다고 해도 지나치지 않습니다. 매복하고 있는 위치를 알기도 어려울 뿐 아니라 설사 매복 장소를 알아내 완벽하게 위장을 하고 기다려도 참매는 귀신 같이 알아채고는 매복 장소를 바꾸거나 다른 곳으로 옮겨가 버립니다.

 고민 끝에 생각해 낸 것이 트인 공간이었습니다. 새끼를 키우는 동안에는 숲의 나무나 지형지물에 가려 사냥 순간을 포착할 수 없으니까, 겨울이 되어 새들이 먹이가 적은 산을 버리고 들이나 강으로 나오는 때를 노린 것입니다. 참매도 어쩔 수 없이 먹잇감 새들을 따라 너른 들녘으로 나올 수밖에 없으니 이곳에서 사냥하는 모습을 찍어보자는 생각이었습니다. 그렇게 참매의 겨울 사냥을 추적한 지 3년째 되는 2012년 2월, 드디어 쇠오리 사냥 장면을 극적으로 찍을 수 있었습니다. 참매를 좇아 들녘을 헤매는 동안 많은 시행착오가 있었습니다. 처음에는 드넓은 들녘이라 먼 곳까지 잘 보이므로 참매가 사냥하는 모습을 곧 찍을 수 있겠거니 생각했는데 한 장의 사진을 찍기까지 세

번의 겨울이 지났습니다. 이런저런 야생의 멋진 새들을 좀 더 편하고 재미있게 찍을 수 있는 기회를 포기하고 오로지 참매가 사냥하는 순간을 찍기 위해 3년의 겨울을 강가에서 보낸 것입니다. 지나고 보니 긴 시간이기는 했지만 내겐 더없이 값진 시간이었음은 말할 것도 없습니다. 또한 그 시간 동안 참매의 먹이가 되는 새들의 일상을 들여다 볼 수 있었던 것은 참매 관찰이 주는 기분 좋은 덤이었습니다.

고등학교 때, 멋진 공군사관학교 제복을 입은 선배가 학교로 찾아와 공군사관학교를 소개한 뒤로 조종사가 되기를 꿈꾸었던 적이 있었습니다. 부모님의 반대로 뜻을 이루지는 못했지만 40여 년이 흘러서 공군 조종사를 상징하는 보라매의 성장 과정을 관찰하고 기록하는 인연을 맺게 될 줄은 정말 몰랐습니다. 8년 동안 번식 둥지를 찍었고 4년 동안 겨울 사냥 장면을 따라 다니며 찍었음에도 아직 참매의 모든 것을 알기에는 턱없이 부족하다는 것을 느끼고 스스로는 만족하지도 않습니다. 그런데도 저의 부끄러운 사진과 미숙한 기록을 책으로 엮도록 용기와 격려를 아끼지 않은 지성사 이원중 사장께 감사를 드리며, 2006년 처음으로 참매의 번식 기록을 함께할 수 있도록 계기를 마련해 준 〈문화일보〉 김연수 기자에게 제일 먼저 이 책을 드리고 싶습니다. 매년

　참매의 번식을 사진으로 기록할 수 있도록 협조해 주신, KBS의 「환경스페셜」 야생 다큐멘터리를 작업하는 유회상 카메라 감독에게도 진심 어린 감사의 말을 전합니다. 더불어 이 책이 계절을 가리지 않고 사진을 찍으러 다니는 자식을 늘 염려하여 몸조심할 것을 당부하시는 팔순 노모께 걱정을 끼친 불효에 대한 작은 보답이 되기를 바라며, 시도 때도 없이 밤낮으로 사진 찍는 것에 매달려도 변함없이 묵묵하게 뒷바라지를 해 준 아내의 수고에도 미약하나마 위안이 되었으면 합니다.

　무엇보다 간절한 것은 지난 8년 동안 힘들게 찍은 사진 기록이 자연 생태의 먹이사슬을 이해하고 건강한 야생의 환경을 보전하는 데 미약하나마 보탬이 되었으면 하는 마음과, 야생의 동식물을 사랑하시는 분들께 저의 경험과 관찰이 유익한 즐거움이 되었으면 하는 바람입니다.

박 웅

차례

책을 펴내며… 4

이른 봄, 사랑이 시작되다 — 15

철새들의 낙원으로 숨어들다 — 33

매복은 매복해야 볼 수 있다 — 41

흰꼬리수리, 위풍당당 모습을 드러내다 — 49

결정적 순간을 노리며 끈질기게 기다리다 — 55

아무도 모르게 움직인다. 은밀하게… — 75

허허실실한 매복 사냥술 — 83

맹금류의 서열, 오직 힘으로 가른다 — 93

태어나는 순간, 서열 경쟁은 시작된다 — 104

야생에 정해진 규칙이란 없다 — 113

보라매, 아직 사냥 공부가 필요하다 — 124

사냥, 기습적으로 시작되다 — 131

사냥은 은밀하게, 먹이는 은밀하거나 때론 훔치거나 — 135

숲 속의 무법자 어치, 참매 둥지를 찾다 — 141

흰꼬리수리, 먹다 버린 먹이를 찾아오다 — 146

흰꼬리수리, 기러기 사냥을 나서다	— 151
맹금류, 같은 듯 다른 사냥법을 가지다	— 167
허를 찌르는 기습 공격으로 오리를 잡다	— 175
보라매, 고향 둥지를 찾았으나 쫓겨나다	— 185
암컷과 수컷, 역할 분담은 명확하게…	— 189
참매 새끼들은 아기와 닮았다	— 201
줄어드는 번식지, 나무 한 그루가 답이다	— 225
자기 영역에 여러 개의 둥지를 짓다	— 237
어미 참매, 알 품기를 포기하다	— 251
둥지, 새끼들의 생존이 달려 있다	— 263
새끼를 키울 때는 숲을 벗어나지 않는다	— 271
첫 사냥, 천년의 비법을 담다	— 286
참매는 꿩 사냥을 좋아할까?	— 291
환경 변화에 빠르게 적응하다	— 297
드디어 사냥 순간을 드러내 보이다	— 320
참매와 더불어 살 수 있기를…	— 334

낙엽송 나뭇가지에 새순도 돋지 않은 4월 초순. 참매 부부의 짝짓기가 한창이다. 암컷의 발에는 채 먹지 못한 먹이가 쥐어져 있다. 먹이를 먹으면서 벌어지는 참매의 짝짓기가 독특하다

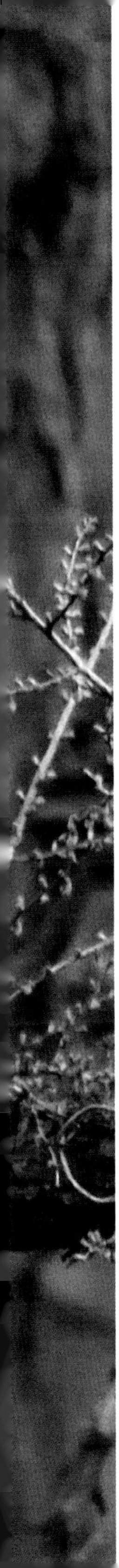

이른 봄, 사랑이 시작되다

"꺅꺅! 끼악, 끼악. 꾹꾹! 끽끽, 끽끽."

조용한 숲을 뒤흔드는 참매의 날카로운 울음소리가 어지럽다. 빽빽한 낙엽송^{일본잎갈나무} 숲에서 참매 한 쌍이 요란하게 사랑을 나누고 있다. 이미 4월로 접어들었지만 경기도 북쪽에 있는 천마산의 산등성이를 타고 넘어오는 바람은 아직 으스스하다. 참매 부부를 시샘이라도 하듯 찬 봄바람이 세차게 몰아쳐 보지만 그들은 아랑곳하지 않는다. 한번 연을 맺으면 특별한 일이 없는 한 짝을 바꾸지 않는 참매 부부의 짝짓기가 부쩍 잦아지는 것을 보면 곧 알을 낳을 모양이다. 수컷은 먹이를 잡아와 암컷에게 넘겨주고는 암컷이 먹이를 먹는 사이 나뭇가지를 하나 물고 와 둥지 가장자리에 꽂더니 연신 부리로 다듬는다. 틈만 나면 나뭇가지를 물어다 둥지를 꾸미는 일은 새끼가 알에서 깨어난 후까지도 계속된다. 수컷이 한참을 둥지에서 시간을 보내는데, 먹이를 먹던 암컷이 느닷없이 "끼아악, 끼아악!" 구애의 소리를 내자 수컷은 잽싸게 내달려 간다. 짝짓기를 하려고 내는 구애 소리는 경계 소리와는 전혀 다르다. 마치 새끼들이 배고프다

둥지 가까운 나뭇가지에 앉아 있던 암컷이 부르자 수컷은 쏜살같이 날아드는 것으로 화답한다. 암컷이 부르면 수컷은 머뭇거리지 않고 잽싸게 날아간다.

고 어미를 조를 때의 소리를 닮았다.

  놀랍게도 참매의 짝짓기는 수컷이 암컷에게 먹이를 전해 주며 시작된다. 건네받은 먹이를 움켜쥔 채 암컷은 자세를 낮추고 등을 편평하게 편 뒤 고개를 앞으로 쭉 빼내어 짝짓기 자세를 취하면, 수컷은 기다렸다는 듯 암컷 등 위로 냉큼 올라탄다. 이때 수컷은 날카로운 발톱을 주먹 쥐듯이 웅크려 암컷의 등이 다치지 않도록 마음을 쓴다. 마땅히 잡은 것도 없이 암컷의 등에 올라탄 수컷은 몸을 제대로 가누지 못하고 기우뚱기우뚱 힘들어 보인다. 날개를 퍼덕이는 수컷을 향해 "조심해, 자기야!" 하고 암컷이 걱정스러운 듯 소리를 지르면 수컷도 '걱정하지 말라'는 듯이 소리를 지르며 맞장구를 친

1 암컷이 연달아 구애의 소리를 내자 수컷이 어디선가 잽싸게 날아와 바로 짝짓기를 시작한다. 그들은 숲도 깊고 나뭇가지가 얽히고설켜 있어 쉬이 눈에 띄지 않는 장소를 택했다. 8년 만에 처음 참매의 짝짓기 모습을 담았다. 수컷은 암컷 등에 올라탈 때 마치 주먹을 쥐듯이 날카로운 발톱을 오므린다. 아마 암컷이 다치지 않도록 조심하는 본능인 듯싶다.

2 이들 부부는 짝짓기를 하는 동안 여러 차례 꼬리날개를 왼쪽과 오른쪽으로 서로 엇갈리게 되풀이하면서 꼬리 쪽의 배설강배설기와 생식기의 배설관이 있는 창자 끝 부분을 맞댄다. 수컷은 그럴 때마다 몸을 가누느라고 날개를 퍼덕였다.

3 짝짓기를 끝낸 수컷(왼쪽)이 옆으로 내려앉아 암컷의 눈치를 살피다가 암컷이 별다른 몸짓 없이 멀뚱히 자신을 쳐다보자 안심했다는 듯이 낙엽송 나뭇가지를 하나 꺾어 물고 둥지로 돌아갈 채비를 한다. 수컷은 둥지 꾸미기를 게을리하지 않는다.

암컷이 먹이를 먹는 데 열중하느라 수컷에게 구애를 하지 않는데 수컷이 암컷에게 날아와서 짝짓기를 하려고 은근슬쩍 암컷 등에 올라타 보지만, 암컷은 짝짓기 몸짓을 하지 않을뿐더러 나무라는 듯이 소리를 지르며 거부하자 머쓱해진 수컷이 물러나고 있다.

다. 한 쌍의 참매가 신나서 소리를 질러 대니 그들의 짝짓기는 요란스럽기 짝이 없다.

 7~8초 남짓한 짝짓기가 끝나고 암컷 옆으로 내려선 수컷이 힐끔힐끔 암컷의 눈치를 살피는 통에 나도 모르게 웃음이 터졌다. 그런 수컷을 곁눈질하며 암컷이 먹이를 먹기 시작하자 수컷은 낙엽송 나뭇가지를 하나 꺾어 둥지로 가져가 둥지를 다듬는다. 그 모습이 마치 집안일을 잘 거들어 주는 자상한 남편 같다. 둥지를 손보고 있다가도 암컷이 부르면 조금도 꾸물대지 않고 곧바로 달려가 또 짝짓기를 한다. 암컷의 말을 너무나 잘 듣는 수컷인 것 같다. 만약 수컷이 먹이를 잡아다 주지 않으면 암컷은 당연히 구애를 하지 않는다. 설혹 수컷이 먹이를 가져왔더라도 암컷이 구애를 하지 않는데 수컷이 지레짐작으로 암컷 등에 올라타 보았자 볼 것 없이 퇴짜다. 참매는 수컷이 암컷에게 꼼짝을 못한다. 부부 사이의 애정이라기보다는 암컷의 덩치가 더 크고 힘도 세기 때문에 서열에서 밀린다. 부부간에도 엄연히 서열은 존재한다.

 암컷은 둥지를 짓기 시작하면서부터는 둥지가 있는 숲을 떠나지 않는다. 이때부터

먹이를 쥐고 있는 암컷(오른쪽)이 수컷(왼쪽)보다 몸집이 크다. 사냥을 책임지는 수컷은 무게가 800그램 내외로 몸이 날렵한 반면 암컷은 이보다 200~300그램 무겁고 몸길이도 60센티미터 남짓으로 수컷보다 10센티미터 정도 크다.

암컷의 먹이까지 수컷이 책임지고 잡아오게 된다. 하루에 1~2번 수컷이 먹이를 가져올 때면 짝짓기를 하는 것이 그들의 본능으로 보인다. 수컷은 먹이를 잡아 바로 암컷에게 날아가지 않고 숲으로 들어오면서 "꺅꺅, 꺅꺅!" 짧고 간단한 소리로 암컷에게 신호를 보낸다. 소리를 들은 암컷은 재빨리 수컷에게 날아가 먹이를 전해 받는다. 눈 깜짝 할 사이에 먹이를 주고받기 때문에 동작이 느린 나 같은 사람은 그 순간을 포착하기가 참으로 어렵고 힘든 일이다. 하루에 한두 번이라고는 하지만 시간이 정해져 있는 것도 아니므로 새벽부터 해가 질 때까지 하염없이 기다려야 한다. 기다림은 암컷도 마찬가지다. 둥지 가까이에 자리를 잡은 암컷은 몇 시간이고 한자리에서 꼼짝 않고 수

수컷이 물고 온 먹이를 땅바닥에서 전해 받은 암컷이 다른 곳으로 날아가지 않고 그 자리에서 바로 먹이를 먹으면서 구애의 소리를 내자 수컷이 날아와 짝짓기를 시도하고 있다. 이 날 이들 참매 부부는 그 자리에서 세 번이나 더 짝짓기를 했다. 참매가 땅바닥에서 짝짓기를 하는 것은 참 드문 일이다.

컷을, 아니 어쩌면 먹이를 기다린다. 수컷이 잡아온 멧비둘기 한 마리를 암컷이 먹는데 두 시간 정도 걸렸는데 그 사이 짝짓기는 3번이나 했다. 평소 쇠오리 한 마리를 한 시간이면 충분히 먹어 치우는데 그보다 덩치가 약간 작은 멧비둘기를 두 시간이나 걸려 먹은 것과, 멧새 같이 작은 먹잇감을 받아먹을 때도 짝짓기 횟수가 줄지 않는 것을 보면 암컷은 짝짓기를 위해 먹이 먹는 속도를 천천히 조절하는 것 같다.

 어느 해인가 비가 내린 다음날로 기억하는데, 그날도 날이 채 밝기 전 산을 올라 참매 둥지 근처에 위장 텐트^{주변 환경과 비슷하게 은폐하여 동물이 알아보지 못하도록 만든 개인용 천막}를 치고 들어앉아 있었다. 암컷이 둥지 밖 나뭇가지에 나와 수컷을 기다리는 듯한 모습이 숲 사이로 보였다. 3시간쯤 지나 오전 9시가 조금 넘었을 무렵에야 먹잇감을 물고 수컷이 날아왔다. 나보다 먼저 알아챈 암컷이 쏜살같이 날아가서 먹이를 전해 받았다. 암컷은 평소와 다름없이 먹이를 먹으면서 3번의 짝짓기를 끝냈다. 숲은 여전히 조용했고 이렇다 할 훼방꾼도 없는데 무슨 일인지 먹다 남은 먹이를 물고 숲이 좀 더 우거진 쪽으로 날아가더니 나뭇가지 사이에 감췄다. 나중을 위해 저장하는 것인지 아니면 보이지 않게 버리는 것인지 알 수가 없었다. 어쩌면 짝짓기할 때에 언제나 먹이를 확보할 수 있도록 미리 준비하는 암컷의 버릇일지도 모르겠다는 생각이 들었다. 참매의 독특한 짝짓기는 관찰하면 할수록 궁금증이 늘어만 간다. 때로는 먹이를 다 먹은 뒤에도 암컷이 구애 소리를 내서 짝짓기하기도 한다.

날이 밝아오는 이른 아침. 전날 밤부터 둥지 가까이에서 지키던 수컷이 아직 사냥을 나가기 전인데 암컷이 둥지 밖으로 나와 구애를 하자 수컷이 냉큼 달려와 짝짓기를 하고 있다. 이때에는 먹이 없이 짝짓기가 이루어지기도 한다.

참매 부부는 날이 밝아 수컷이 사냥하러 숲 밖으로 나가기 전에 한 번, 이른 아침에 사냥해 온 먹이를 먹으면서 3~4번, 저녁에도 먹이를 먹으면서 3~4번씩 하루에 6~8번 정도 짝짓기를 한다. 둥지가 거의 다 만들어질 무렵 시작해 4~5개의 알을 다 낳을 때까지 4~6주 동안 짝짓기가 이어지므로 알을 하나 얻기 위해 이들은 꽤 많은 횟수의 짝짓기를 한다. 그럼에도 이들의 짝짓기를 8년 만에 겨우 사진으로 담을 수 있었으니……. 그만큼 성격이 예민하고 습성은 은밀하다는 뜻일 게다.

어느 해 봄, 우리집 건너편 아파트 지붕 위에 세워진 안테나에서 새홀리기 부부가 짝짓기하는 모습을 우연히 보게 되었다. 수컷이 암컷에게 먹잇감을 가져다주는 것까

| 1 | 2 |

1 6월 초순경 새홀리기 수컷이 참새를 잡아 암컷에게 전해 주고는 옆에서 바라보고 있다. 암컷은 그 먹이를 수컷이 보는 앞에서 깨끗이 먹어 치웠다.
2 먹이를 다 먹은 암컷이 머리를 낮추며 엎드려 짝짓기 자세를 취하면서 구애 소리를 내자 옆에서 지켜보고만 있던 수컷이 냉큼 암컷의 등에 올라 짝짓기를 한다. 사방이 훤히 뚫린 넓은 곳에서 이루어진 거침없는 짝짓기다.

1 아파트 발코니에 있는 빈 화분을 둥지로 삼은 황조롱이가 난간에서 짝짓기를 하고 있다. 이 암컷도 먹이를 다 먹은 뒤에 짝짓기 몸짓을 했다.
2 황조롱이 수컷도 참매처럼 날카로운 발톱을 오므린 상태로 암컷 등에 올라탔다.

지는 참매와 같은데 암컷이 먹이를 다 먹도록 옆에서 묵묵히 지켜보는 것이 달랐다. 먹이를 다 먹은 암컷이 짝짓기 몸짓을 보이자 그제야 수컷이 암컷의 등에 올라탔다. 새홀리기 부부는 그 후로도 열흘 동안 하루도 거르지 않고 아파트 옥상을 찾아와 짝짓기를 했는데 모두 먹이를 다 먹은 다음에 짝짓기가 이루어졌다. 덕분에 집안에서 편히 그 모습을 사진에 담을 수 있었다. 8년이나 참매의 짝짓기 모습을 찍으려고 숲 속을 헤매며 고생한 것을 생각하면 참으로 세상일이란 공평치도 못하다.

그 모습을 본 뒤로 맹금류^{성질이 사납고 육식을 하는 새의 종류를 통틀어 이르는 말}는 다 암컷이 먹이를 먹고 나서 짝짓기를 한다고 생각했다. 그 후에 관찰한 황조롱이^{천연기념물 제323-8호}도 암컷이 먹이를 다 먹을 때까지 기다렸다가 짝짓기를 했기 때문에 확신했었다. 그래서 암컷

1 참매는 보통 자신의 영력 안에 둥지를 2~3개 만들어 놓고 그때그때 둥지를 바꿔 가며 쓴다. 지난해에 새끼 세 마리를 키워 낸 이 둥지는 태풍에 심하게 망가져 버렸다. 그런 연유에서인지 올해는 그 옆의 둥지로 옮겨 앉았다.
2 한적한 산길 오른쪽으로 낙엽송이 숲을 이루었고 그 숲에 참매 둥지가 있지만 산길에서는 보이지 않는다. 대부분의 나무가 아직 싹을 내기 전인데 여우버들은 벌써 꽃을 피웠다.

이 먹이를 먹으면서 수컷에게 구애해야만 짝짓기를 하는 참매의 습성은 더더욱 이해가 되지 않았다. 도대체 무슨 뜻이 있는 것일까, 참매만의 비밀일까?

겨울을 온전히 보내지 못해 아직 바람이 으스스한데 숲 속 식구들에게 봄소식을 제일 먼저 알리고 싶어서인지 진달래는 추위도 아랑곳하지 않고 피어 있다. 겨우내 언 땅속에서 잔뜩 웅크리고 있던 도토리가 고개를 삐죽 내밀고, 산길에는 마음이 바쁜지 여우버들이 벌써 꽃을 피웠다. 을씨년스럽던 낙엽송 숲이 봄 맞을 채비로 분주한데, 참매 부부는 이미 2주 앞서 지난해에는 사용하지 않았던 둥지에 새 나뭇가지를 올려 수리하는 등 착실히 새끼 키울 준비를 시작했다. 그곳에서 50미터 남짓 떨어진 곳에

2013년 4월 12일. 참매가 드디어 알을 하나 낳았다. 날씨가 추워서인지 다른 해보다 유난히 알 낳는 시기가 늦었다.

있는 지난해 새끼를 키워 낸 둥지가 망가졌기 때문이다.

참매는 보통 자기 영역에 둥지를 2~3개 정도 만들어 놓는 습성이 있다. 둥지와 둥지 사이는 가깝게는 50미터 안팎이며 멀리 떨어져 있다고 해도 200~300미터로 가까운 거리에 있다. 참매 부부가 둥지를 튼 이 숲은 산 아래 동네와 불과 200미터밖에 떨어져 있지 않아 이들은 사람들과 매우 가까이 지내는 셈이다. 둥지 아래쪽에는 마을이 있고 그 위쪽으로는 나무를 실어 나르는 길이 산허리를 가로지르며 나 있다. 그 길을 따라 자전거를 타고 나들이를 나왔거나 산나물을 뜯으러 올라오는 사람의 발길이 꽤 부산해 보인다. 사람들이 오르내리는 데도 참매는 경계 소리 한번을 내지 않는다. 자신의 둥지가 사람들 틈에 있다는 것을 잘 알고 있는 모양이다. 이 낙엽송 숲은 동네와도 가깝고 학교 운동장만 한 크기로 그리 넓지는 않지만 보기보다 골짜기가 깊고 험하며 비탈이 급하여 사람들이 잘 들어오지 않는다. 그나마 예민한 참매가 생각보다 조용하고 안전하게 새끼를 키울 수 있는 이유다.

요 며칠 지구 온난화 때문인지 4월인데도 기온이 들쭉날쭉하며 겨울과 봄을 오가는 날씨가 되풀이되고 있다. 때를 맞추어 알을 낳아 품어야 하는 참매가 시기 결정에 애를 먹지 않을까 걱정이다. 보통 2~3일에 하나씩 알을 낳는데 변덕이 심한 날씨 탓인지 첫 번째 알을 낳은 지 4일 만에 두 번째 알을 낳았다. 그리고 3일 만에 세 번째 알을 낳은 것을 보면 아무래도 따뜻해지지 않은 날씨 때문에 알 낳는 사이가 좀 벌어진 듯하다. 실제로 참매는 기온에 따라 알 낳는 기간이 길어지기도 하고 짧아지기도 한다. 날씨가 추워 알 낳는 기간이 길어지면 이들의 짝짓기 횟수는 그만큼 늘어날 수밖에 없다. 둥지 주변에서 소란스런 짝짓기가 한창이다.

좁은 낙엽송 숲에 맹금류인 참매 부부가 둥지를 틀어서 '과연 작은 새들이 마음 편하게 들어와 살 수 있을까' 염려를 했는데 쓸데없는 걱정이었던 같다. 참매 부부가 요란스럽게 짝짓기를 하든, 참매 수컷이 귀찮게 구는 어치를 쫓아내느라 후다닥대며 소란을 떨든 전혀 아랑곳 않고 참매 둥지가 빤히 보이는 나뭇가지에서 쇠박새란 녀석들이 앙증맞은 날갯짓으로 짝짓기에 열중하고 있다. 참매 둥지로부터 겨우 150미터쯤 떨어진 곳에서는 큰오색딱따구리가 나무줄기에 구멍을 뚫어 둥지를 만들고 있다. 아

1	2
3	4

1 참매 둥지가 있는 숲에 쇠박새 한 마리가 찾아와 참나무 새싹을 파먹고 있다. 이 무렵 싹을 틔우는 새싹은 숲 속에 사는 작은 새들의 좋은 먹이다.
2 4월로 접어들면 여기저기에서 짝짓기가 한창이다. 쇠박새 암컷 한 마리가 수컷을 향해 애교스런 몸짓으로 유혹하고 있다. 수컷이 먹이를 가져다주는 것으로 화답하면 짝짓기가 이루어진다.
3 참매 둥지가 빤히 바라다보이는 곳에서 큰오색딱따구리 한 쌍이 한창 짝짓기를 하고 있다. 참매 암컷이 둥지에 앉아서 이들을 쳐다보고 있어서 '혹시나 공격하지 않을까' 내가 잔뜩 긴장했다.
4 참매가 둥지를 튼 숲의 높은 전나무 가지에 오목눈이 부부가 둥지 만들기에 한창이다. 녀석들은 조금도 개의치 않고 참매 둥지 근처를 오가며 먹이도 먹고 둥지 재료도 물어왔다.

침부터 둥지 속을 "톡톡, 톡톡!" 두드리며 쪼는 소리가 마치 어릴 적 들었던 어머니의 다듬이 소리 같아 정겹다. 이들 역시 둥지를 짓는 사이사이 짝짓기를 하고 있다. 큰오색딱따구리 둥지 가까이 늘어진 전나무 가지에는 오목눈이 부부가 둥지를 짓느라 쉴 새 없이 들락날락 거린다. 까딱까딱 긴 꼬리를 위아래로 흔들며 늘 둘이 붙어 다니는

예년보다 일찍 찾아온 여름 철새 호랑지빠귀가 아침부터 짝을 찾아 "휘휘" 울며 다녔다. 둥지에 앉아 있던 참매 암컷이 귀를 쫑긋 세우고 호랑지빠귀의 울음소리가 나는 곳을 유심히 살폈다.

오목눈이 부부의 모습이 보기 좋다. 한 마리가 앞서면 이어서 다른 녀석이 쫄랑쫄랑 뒤따르는 모습이 참으로 귀엽다. 멀리서 짝을 찾는 호랑지빠귀 소리가 "휘휘" 음산하게 들리고, 벙어리뻐꾸기는 멋모르고 내 위장 텐트 가까이까지 다가와서 "뽕뽕" 울어댄다. 어치 7~8마리가 작은 낙엽송 숲 속을 몰려다니며 제 특기를 살려 참매 소리를 흉내내는 통에 여러 번 속아 넘어갔다. 겁 없이 참매 암컷이 먹이를 먹고 있는 곳까지 가끔 찾아오기도 한다. 또 수컷이 암컷을 위해 주로 멧비둘기를 잡아 오는 것을 보면 이들 역시 낙엽송 숲으로 들어와 둥지를 짓고 새끼를 키우는 모양이다.

참매 수컷이 잡아 온 비둘기를 암컷이 나뭇가지 위에 앉아서 먹고 있는데, 그 먹이가 탐이 난 것인지 어치가 참매 암컷의 등을 스치듯 날아다니며 괴롭히고 있다.

참매가 멀리 가지 않고 가까운 숲에서 사냥하지 않을까 해서 그 순간을 찍고 싶었지만 위장 텐트에 가려지거나 나뭇가지에 걸려 그 뜻은 이루지 못했다. 짝짓기하는 모습이든 사냥하는 것이든 순간을 잡아내는 일이 결코 쉽지 않다는 것을 다시 한 번 실감한다. 어쩌면 이렇게 힘들고 오랜 기다림 끝에 관찰하고 찍은 것들이라 더 소중하고 값진 것인지도 모르겠다. 참매가 오리를 사냥하는 순간을 사진에 담기 위해 4년 동안 겨울만 되면 천수만으로 내려가 한겨울을 보냈다. 참매의 사냥 시간이 일정하지 않아서 무작정 기다리는 것 외에 달리 방법이 없었다. 추위와 배고픔을 견디며 하루 종

아무리 겁을 주고 괴롭혀도 참매 암컷이 꿈쩍도 않자 최후의 수단인지 어치가 참매 암컷의 등을 발로 찍으며 겁을 주었다. 결국 암컷은 먹이를 물고 깊은 숲 쪽으로 날아가 버렸다.

일 오리 떼에게서 눈을 떼지 못했다. 사냥 모습을 한 번 보자고 온종일 차 안에서 꼼짝하지 못하고 한눈 한번 팔지 못한 채 기약 없이 기다려야 하는 것이 얼마나 조바심이 나는 일인지 모른다. 설혹 사냥 장면을 목격하게 되더라도 모든 사냥이 성공하는 것은 아니므로 참매보다 더 허탈한 심정으로 돌아설 때도 있었다. 이 모든 것이 불과 얼마 전의 일임에도 아득히 먼 옛날이야기처럼 아련하다.

밤새 내린 눈으로 천수만의 해미천에도 눈꽃이 만발했다. 흰 눈을 붉게 물들이는 햇살이 퍼지는 해미천 위를 큰고니(천연기념물 제201호)가 한가로이 오리들과 노니는 모습은 산에서 만났던 설경과는 사뭇 다른 겨울 풍경이다.

철새들의
낙원으로 숨어들다

동이 트기 전 천수만에 도착해야 한다. 참매가 오리를 사냥하는 순간을 찍기 위해 새벽마다 이곳을 찾은 지 벌써 한 달째다. 은밀히 사냥하는 참매의 습성을 잘 알고 있기에 녀석보다 먼저 도착해 차를 세우고 차 안에서 잠복해야 하니 마음이 바쁘다. 어제 저녁부터 내리기 시작한 눈은 밤새 그칠 줄 모르더니 새벽에야 겨우 멈췄다. 아침에 이곳 해미읍에 정한 숙소의 방문을 여니 밤새 내린 눈 덕에 앞산의 소나무는 아이스크림을 듬뿍 발라 놓은 빵으로, 개울가 조약돌은 생크림을 풍성하게 얹은 케이크로 변해 있었다. 마치 동화 속 나라에라도 온 듯 멋진 풍경에 서둘러 천수만으로 가야 한다는 것도 잊고 10년 가까이 푹 빠져 지냈던 산 사진 찍을 때의 일들을 떠올렸다. 그때는 눈이 온다는 일기예보가 있으면 눈꽃을 보려고 무조건 산을 찾아 오르곤 했었다. 오늘 아침 이곳의 눈꽃은 그 무렵 산에서 보았던 풍경에 뒤지지 않을 만큼 멋지다. 올 겨울에는 유난히 이곳 서산에 눈이 많다. 앞서 내린 눈이 녹기도 전에 또 다시 폭설이 내리곤 한다. 길인지 들판인지 구분이 안 되는 새벽 도로를 엉금엉금 기어가면서도 마음은 벌써 천수만에 가 있다. 천수만의 설경이 어떨지 사뭇 설렌다. 서서히 하늘이 밝게 열리며 동쪽부터 붉은 새벽빛이 하늘을 물들인다. 서둘러 가고 싶은 마음과는 달리 쌓인 눈으로 더디기만 한 자동차 때문에 조바심이 났다.

해미읍에서 천수만으로 흘러드는 해미천에는 매년 10월이 되면 겨울 철새인 오리들이 날아든다. 해미천을 찾는 겨울 철새를 보호하기 위해 서산시가 운영하는 밀렵 감시초소허가를 받지 않고 사냥하는 사람을 단속하려고 보초를 서는 곳 중 해미천 초소에서 근무하시는 송 선생을 알게 되면서부터 참매의 사냥 순간을 찍기 위한 길고 험한 나의 여정이 시작되었다. 송 선생은 오랫동안 한곳에서 일을 해서 누구보다 이곳 겨울 철새들의 움직임을 잘 알고 있을 뿐만 아니라 성품이 친절하여 이곳으로 사진 찍으러 오는 작가들을 직접 안내하기도 하는 등 남달리 많은 도움을 주었다. 다른 초소에서는 밀렵과 전혀 상관이 없는 사진가들의 출입까지 막아 종종 크고 작은 다툼이 있던 터라 사진가들 사이에서 송 선생의 인기가 높았다. 나도 송 선생의 초소에서 커피를 얻어먹다가 우연히 오리를 사냥하러 나타난 참매를 보게 된 후부터 그 모습을 찍으러 해미천을 찾게 되었다.

눈길을 달려오느라 해미천 초소 앞에 다다랐을 때에는 이미 새벽빛으로 붉게 물들어 있었다. 제법 내린 눈으로 들녘도, 해미천도, 나무들도 온통 하얀데 기러기 떼만 새까맣다. 이제 차 앞을 비추는 등은 끄고 속도를 늦추면서 최대한 소리 내지 않고 살금살금 가야 한다. 해미천에서 밤을 보내고 날이 밝으면 먹이를 찾아 들로 이동하는 기러기 떼가 자동차 소리에 놀라 지레 날아오를 수 있기 때문이다. 자칫하다가는 조금 더 쉬어야 하는 그들을 내쫓는 꼴이 되기에 그 어느 때보다 조심해야 하는 순간이다. 그렇지만 기러기가 이런 내 마음을 어찌 알랴. 자동차가 가까이 다가가니 내 배려를 몰라주고 일제히 날아오른다. 수천 마리의 기러기 날갯짓 소리가 나를 탓하듯 날카롭게 가슴에 꽂힌다. 당황스럽고 미안하다. 하늘을 날기 위한 날갯짓에는 온몸의 에너지

천수만 해미천과 청지천 옆으로 서산시의 하수종말처리장의 건물이 보이고 개울에는 기러기와 오리들이 평화롭게 오가고 있다. 오른쪽 위에 보이는 작은 초소가 송 선생님이 근무하는 해미천 밀렵 감시초소이다.

를 쏟아야 하므로, 힘들게 추운 겨울을 지내는 그들의 삶에 도움이 되지 않는 간섭을 한 꼴이라 마음이 편치 않다. 미안한 마음과는 달리 온통 눈으로 덮여 하얀 들녘 위로 날아오르는 새까만 기러기 떼의 웅장한 날갯짓에 절로 탄성이 터져 나왔다. 아마도 새벽을 여는 모습 중 단연 으뜸일 것이다. 붉은 새벽빛 속으로 솟구치는 그들의 삶의 몸짓은 정녕 아름답다.

예로부터 기러기는 길조吉鳥로 여겼다. 전통 혼례식에서 전안례결혼식 날 신랑이 대례를 치르러 신부 집으로 갈 때 기러기나 기러기 조각을 가져가서 초례상 위에 놓고 절을 하는 절차 때 신랑이 백년해로의 징표로 기러기를 신부에게 건네는 풍습이 있을 정도다. 한번 짝을 맺으면 평생을 해로하고 혹여 짝을 잃어도 평생을 수절하는 신의, 아침 일찍 날아오르는 부지런함과 날아가면서 서로의 간격을 유지하는 예의, 서로의 날갯짓을 방해하지 않는 배려와 협동심, 겨울이

눈이 내리고 매서운 추위가 몰아쳐도 얼지 않는 해미천의 물 위로 피어오르는 물안개가 아침 햇살에 붉게 물드는 풍경 속으로 날아오르는 새들의 날갯짓은 이곳에서만 볼 수 있는 겨울 풍경이다. 천수만의 해미천에서 밤을 보낸 기러기 떼가 자동차 소리에 놀라 붉게 물든 새벽빛 속으로 한꺼번에 날아올랐다. 이들은 아침이 되면 먹이를 찾아 들녘으로 날아간다.

1 아침 해살이 넓게 퍼진 개울가에 큰기러기 서너 마리가 쏜살같이 내달리는 출근길 자동차 소리에도 좀 더 쉬고 싶은 것인지 쉽게 날아오르지 못하고 지나가는 자동차의 눈치를 살피고 있다.
2 천수만의 드넓은 간월호에 얼음이 얼지 않은 좁은 공간에는 청둥오리와 흰뺨검둥오리들이 한데 뒤섞여 있다. 아마 이런 모습은 천수만에서나 볼 수 있는 장관일 것이다.

되면 어김없이 찾아오고 봄이 되면 새끼를 키우는 곳으로 돌아가는 정확성과 신뢰성을 중요하게 여기는 기러기의 습성 때문이다. 그렇게 기러기 떼가 떠난 해미천은 밤새 들녘과 개울에서 먹이를 먹거나 밤을 보낸 오리들이 잠을 깨거나 돌아오면서 북새통을 이룬다. 대부분 물 위에서 사는 청둥오리, 흰뺨검둥오리, 홍머리오리, 쇠오리, 고방오리, 넓적부리 같은 수면성 오리들이다. 깃털이 화려한 수컷과 수수한 깃털을 가진 암컷이 뒤섞여 날아가는 오리 떼의 모습이 마치 한 폭의 수채화처럼 곱고 아름답다면, 보통 큰기러기와 쇠기러기가 섞여 있는 기러기 떼는 비록 암수의 깃털은 화려하지 않지만 일사불란하게 움직이는 아름다운 질서가 있다. 또 앞에서 신호를 보내면 뒤에서 화답하며 날아가는 통에 등굣길 학생들처럼 재잘재잘 소란스러운 것도 오리와는 다른 모습이다. 기러기들의 재잘거림과 오리들의 날갯짓 소리가 하늘을 뒤덮은 이곳은 정녕 철새의 낙원임에 틀림없다.

12월의 해미천이 늘 오리와 기러기가 섞여 북새통을 이루는 데는 까닭이 있다. 해

삵이 쥐를 사냥하려고 갈대숲에 숨어 있는데, 공교롭게도 그 쥐를 노리고 황조롱이가 갈대밭에 내려앉았다가 도리어 삵에게 잡히고 말았다. 먹고 먹히는 생생한 야생의 현장이다.

미천 아래쪽에는 천수만의 바다를 막아 만든 너른 논이 있어 가을걷이를 할 때 떨어진 볍씨가 겨우내 먹이를 제공하고, 해미천 초소 근처에 있는 서산시의 하수종말처리장에서는 정수된 따뜻한 물이 쉬지 않고 청지천을 따라 흘러들어 추운 겨울에도 얼지 않기 때문이다. 삵, 너구리, 들개, 들고양이 같은 천적을 피해 기러기와 오리들은 개울 한가운데서 안심하고 쉴 수 있어 얼음이 풀리는 봄까지 이곳은 이들 겨울 철새의 낙원일 수밖에 없다. 그러나 기러기와 오리를 노리는 것은 지상에만 있는 것이 아니다. 겨울 철새인 흰꼬리수리가 기러기를 사냥하기 위해 찾아왔고, 전문 사냥꾼 참매도 오리들을 노린다. 동화 속 한 장면 같은 낙원에도 먹이사슬에 의한 죽음의 그림자를 피할 수는 없다.

해미천 둑길에는 버드나무 몇 그루가 띄엄띄엄 서 있다. 허허벌판인 이곳에서 참매는 버드나무에 매복해 있다가 오리를 사냥한다. 참매가 나타나기 전이라 오리 떼가 버드나무 위를 평화롭게 날며 아침을 맞는다

매복은
매복해야 볼 수 있다

　내 차 소리에 놀라 한꺼번에 날아오른 기러기와는 달리 이곳 환경에 익숙한 탓인지 잠에서 깨어난 오리들은 눈치를 살피면서도 쉬이 날아가지 않고 슬금슬금 한쪽으로 피한다. 나도 개울이 훤히 내려다보이는 둑길에 최대한 조심조심 차를 세운다. 어제 참매 어미 새성조가 2시간가량 매복했던 버드나무가 있는 맞은편이다. 오늘은 참매보다 먼저 자리를 잡고 기다려 볼 작정이다.

　참매는 오랫동안 몸을 숨긴 채 매복하고 있다가 순식간에 들이쳐서 먹이를 사냥하는 습성이 있다. 높은 하늘에서 땅으로 시속 300킬로미터 이상의 속도로 내리꽂으며 매섭게 사냥감을 덮치는 매송골매라고도 함와는 달리 나무나 풀 속에 조용히 숨어 있다가 들이치는 사냥법이다. 참매는 사냥감이 가까이 다가올 때까지 몇 시간이고 한자리에서 꼼짝하지 않고 매복을 한다. 풀숲에 납작 엎드려 있다가 쏜살같이 사냥감을 물어채는 아프리카 사자의 사냥 습성과 너무나 닮았다. 한곳에서 오랫동안 매복을 한다고 참매의 성품이 느긋하다고 생각하면 오산이다. 매우 예민하고 까다로워 매복하는 근

1 참매는 버드나무에 앉아 사냥감이 다가올 때까지 몇 시간이고 마냥 기다린다. 나무에 매복할 때에는 꼭대기나 바깥쪽 가지보다는 나무 가운데쯤이나 아래쪽에 앉아 오리들이 겁을 먹지 않도록 하는 것 같다.

2 주로 바닷가에서 사냥을 하는 매송골매는 자신을 숨기지 않고 당당하게 드러낸 채 먹잇감보다 빠른 속도로 따라가 덮친다.

사냥을 하기 위해 자리를 옮기는 참매 어미 새는 개울 바로 위나 갈대 높이 정도로 낮게 날기 때문에 먼 곳에 있는 오리들은 참매의 움직임을 알아채지 못한다.

처에서 조금이라도 다른 움직임이 느껴지면 사냥을 그만두고 미련 없이 자리를 옮겨 버린다.

 불과 한 달 전까지만 해도 이런 참매의 습성을 몰라 사진을 잘 찍을 수 있는 거리까지 가까이 다가가곤 했었다. 최대한 가까이에서 찍어야 선명하고 멋진 사진을 찍을 수 있기 때문이다. 그런 내 욕심을 비웃기라도 하듯 참매는 슬쩍 자리를 옮겨 멀어지곤 했다. 덩달아 나도 가까이 다가가 차를 멈추면 잠시 후 또 다시 슬쩍 자리를 옮겨 앉았다. 참으로 황당하고 계면쩍기 짝이 없었다. '녀석, 낯가림이 너무 심한 거 아니야?' 영문도 모르고 참매만 원망했었다. 같은 일이 반복되자 안 되겠다 싶어 참매가 자주 매복하는 나무 가까이에 위장 텐트를 치고 나도 매복해 보기로 했다. 사진 찍기에 적당한 위장 텐트가 없어서 다른 나라에서 사냥할 때 쓰는 것을 샀는데 사진 찍기에도 알맞아서 즐겨 쓰고 있다. 살을 에는 듯한 찬 겨울바람을 완전히 막아 주지 못하는 것이 아쉽기는 하지만. 그래서 사진 찍기는 조금 불편해도 비바람을 완전히 막아 주는 텐트도 써 보았으나 높이가 낮아 오랜 시간 머무르며 밖의 움직임을 살피기에는 매우 불편하고 힘들었다. 차가운 바람이 들이치는 위장 텐트 안에서 꼼짝하지 않고 참매를 기다려야 하는 일은 결코 쉽지 않았다. 발은 꽁꽁 얼어 오고 몸은 으슬으슬 떨렸다. 식사도 제대로 못하니 배고픔까지 참으며 하루 종일 텐트에서 지내야 했다. 며칠을 기다렸지만 참매는 사진을 찍을 수 있는 위장 텐트 가까이에는 나타나지 않았다. 녀석은 엉뚱하게도 사진을 찍을 수 없는 까마득히 먼 곳에서 사냥하기 일쑤였다.

참매를 따라다녀도, 숨어서 기다려도 실패만 거듭하던 12월 말의 어느 날, 여느 때

하수종말처리장이 건너다보이는 청지천가에 위장 텐트를 쳤다. 그 앞의 개울에서 참매가 사냥을 한다.

처럼 새벽에 해미천으로 나왔는데 참매 대신 큰고니 300여 마리가 나를 반겼다. 새벽의 붉은빛 속에 수많은 큰고니가 모여 앉은 그림 같은 풍경에 흠뻑 빠져서 해가 뜨는 줄도 모르고 카메라 셔터를 누르다가 언뜻 건너편 버드나무를 보니 참매 어미 새가 앉아 있는 것이 아닌가! 내 눈을 믿지 못하여 눈을 훔치고 다시 보아도 틀림없는 참매 어미 새다. 참매만이 가진 특별하게 달라 보이는 배 부분의 하얀 깃털과 기다란 꼬리를 보니 확실하다. 큰고니를 알아보고 차를 세울 때만 해도 그 버드나무에는 참매가 없었다. 참매가 매복하는 버드나무를 언제나 잊지 않고 살펴보는 버릇이 생겼기 때문에 이날도 참매가 없다는 것을 확인하고 큰고니를 찍기 시작했다. 그러니까 참매는 내가 차를 세우고 큰고니를 찍고 있는 동안에 그곳에 온 것이 확실하다. 아하, 바로 그것이었다. 참매보다 내가 먼저 도착해 있으니 내 차를 전혀 경계하지 않고 가까운 곳에 매복을 한 것이다. 참매란 녀석은 움직임에 매우 민감했던 것이다. 큰고니를 찍다가 뜻밖에 해묵은 수수께끼를 풀게 되었다. 흥분되어 가슴이 콩닥콩닥 뛰었다. 마치 바라는 대로 참매의 사냥 모습을 찍기라도 한 것처럼. 그동안 실패했던 이유를 알았다는 사실에 가슴이 벅차올랐다. 하얀 눈이 햇빛에 반사되어 눈을 뜨기 괴로운 것조차 나를 축복하는 것 같았다. 큰고니를 찍던 손을 멈추고 참매에 카메라를 맞추고 기다린다. 몹시 설레는 마음으로.

잔뜩 기대에 부풀어 2시간가량 기다렸으나 뜻하지 않은 덤프트럭의 출현으로 모처럼의 기회는 산산조각이 나고 말았다. 2시간 내내 긴장을 늦추지 않고 눈도 깜박이지 않으며 참매만 뚫어져라 쳐다보고 있는 내 사정을 아랑곳 않고 간월호 둑길을 포장하기 위한 공사 차량이 참매가 매복하고 있는 버드나무 아래를 유유히 오가더니 결국 참매를 쫓아내고 말았다. 정확히 말하면 쫓아낸 것이 아니라 참매가 트럭을 피해 자리를 옮겼다. 역시 참매란 녀석은 움직임에 민감하다.

영하의 추운 날씨에도 얼지 않는 해미천에 물안개가 피어오르는 가운데 해가 떠올랐으나 이곳에서 밤을 보낸 큰고니들은 깨어날 줄을 모르고 잠에 빠져 있다.

붉은 새벽빛을 받으며 부지런한 큰고니 가족이 이동하기 위해 힘차게 물을 박차며 날아오르고 있다. 덩치가 큰 큰고니는 도움닫기 없이는 날아오르기가 힘들다.

동쪽의 가야산 너머로 아침 해가 솟아오를 때에 일찌감치 잠에서 깬 오리들은 유유히 해미천 위를 헤엄치고 있다. 이 무렵이면 참매는 벌써 둑길에 선 버드나무로 날아와 오리 사냥을 위해 매복하고 있다.

흰꼬리수리,
위풍당당 모습을 드러내다

전날의 실패를 만회하려 새벽같이 해미천으로 나왔다. 얻은 것 없이 보낸 어제의 시간이 아깝고 억울한 것은 뒷전이고 참매가 사냥하는 모습을 볼 수 있지 않을까 하는 기대감이 더 크다. 일부러 어제 그곳으로 갔다. 내 짐작대로 참매가 이곳에 또 나타날까? 온다고 해도 오늘은 또 얼마나 기다려야 할까? 혹시 어제처럼 훼방꾼이 나타나지는 않을까? 걱정이 꼬리에 꼬리를 물며 머릿속을 어지럽힌다.

불안한 내 마음과는 달리 동쪽에서 해가 찬란하게 솟아오른다. 매일 떠오르는 태양이지만 해돋이를 보고 있으면 찬란한 빛의 어울림에 늘 가슴이 벅차오른다. 새벽빛이 하얀 눈을 빨갛게 불태운다. 산 사진을 찍을 때는 어디를 가든 새벽마다 산에 올라 해돋이 모습을 찍었는데, 오늘 이곳 해미천에서 그때의 감동이 똑같이 재현되었다. 그때는 산에서 만나는 해돋이가 그 어떤 해돋이보다 멋지다고 굳게 믿었는데 딱히 그런 것만은 아니라는 사실을 새삼 깨닫는다. 아무도 없는 해미천에서 홀로 맞는 해돋이 또한 산 위의 일출만큼이나 멋지다. 철새들의 아름다운 날갯짓이 더해져 해미천의 새벽빛

아침이면 해미천의 얼지 않은 곳에는 많은 오리들이 무리를 지어 찾아온다. 개울에 물 반 오리 반이니 이들을 사냥하려고 참매도 소리 없이 찾아든다.

은 황홀할 지경이다. 장소가 어디이든 해돋이가 주는 깊은 감동은, 새롭게 하루를 시작하려 불끈 솟아오르는 태양이 전하는 용기와 희망 때문이 아닐까 싶다.

해미천의 물안개가 밤사이 나뭇가지에 얼어붙어 눈꽃을 활짝 피웠다. 참매가 매복할 버드나무도 가지에 하얀 눈꽃을 피운 채 햇빛에 붉게 반짝인다. 해가 떠오르자 약속이나 한 듯 오리들이 들녘에서 해미천으로 한 무리씩 모여들었다. 어제 참매가 매복해 앉아 있던 버드나무 아래도 오리들로 북새통을 이룬다. 참매의 사냥 분위기가 무르익어갈 즈음 반갑지 않은 손님이 먼저 나타났다. 높은 하늘을 휘저으며 간월호 쪽에서 흰꼬리수리 천연기념물 제243-4호 한 마리가 날아들었다. 커다란 날개를 펄럭이며 살피듯 해미천을 내려다보는 녀석의 모습이 위풍당당하다. 당당한 녀석의 모습을 보고 있자니 사람들이 왜 하늘을 날고 싶어 하는지 그 까닭을 알 것 같다. 흰꼬리수리는 시베리아와 중국 동북부에서 살다가 따뜻하게 겨울을 나기 위해 우리나라를 찾는 겨울 철새다. 어미 새는 꼬리깃이 온통 흰색인데 어린 녀석인지 흑갈색 무늬가 꼬리깃에 남아 있다. 까만 점으로 보이던 녀석이 눈 깜짝할 사이에 내 차가 있는 하늘 위까지 날아왔다. 큰 날개를 활짝 펴고 미끄러지듯 유유히 나는 모습이 정말 멋지다. 순간, 오리들이 놀고 있는 개울로 낮게 내려앉으며 사냥이라도 할 듯이 오리들을 덮친다. 왠지 긴박감보다 녀석의 커다란 날갯짓이 시선을 사로잡는다. 녀석의 몸짓에 놀란 오리들이 이리 뛰고 저리 날며 우왕좌왕 사방으로 흩어진다. 여러 종의 오리들이 다투지 않고 서로를 배려하며 더불어 지내던 아름다운 해미천이 한순간 아수라장이 되었다. 흰꼬리수리는 개의치 않고, 아니 오히려 재미있다는 듯 오리를 휘휘 몰아치며 개울 위쪽으로 유유히 사라져 간다. "그 녀석, 사냥도 하지 않을 거면서 훼방만 놓고 가네." 하는 탄식이 입에서 흘러나왔다. 어제 참매가 매복했던 나무 가까이에 있던 오리들을 쫓아 버리고 날아간 흰꼬리수리가 얄밉고 야속하기만 하다. "흰꼬리수리 녀석만 아니었어도 참매가 나타났을지도 모르는데……." 참매를 기다리다 초조해진 마음에 흰꼬리수리가 사라진 해미천 위쪽의 하늘을 보며 혀를 찼다.

그때 내 걱정과는 달리 해미천 둑 건너편 논바닥을 낮게 날아서 버드나무로 다가서는 참매 한 마리가 눈에 들어왔다. 뛰는 가슴을 억누르며 쌍안경을 집어 들었다. 참매 어미 새가 천천히 날아서 버드나무 쪽으로 다가오는 모습이 참으로 느긋하고 차분하다. 참매는 슬쩍 둑을 타고 넘어와서 가볍게 버드나무 가운데께 나뭇가지에 내려앉더니 긴 꼬리를 이리저리 흔들며 툭툭 털어 낸다. 나무 근처에 있던 오리들이 참매를 보았을 텐데 달아날 생각이 없어 보인다. 참매는 내 차가 서 있는 쪽을 힐끗 한번 쳐다보

1	2
	3

1 어린 흰꼬리수리가 해미천을 따라 날면서 평화롭게 쉬고 있는 오리들을 내려다보고 있다. 간혹 흰꼬리수리가 오르내리며 겁은 주지만 한 번도 오리를 사냥하는 모습은 보지 못했다.
2 어린 흰꼬리수리는 마치 훈련이라도 하듯이 오리 뒤를 여유롭게 뒤따른다. 그렇게 느린 날갯짓으로는 오리 사냥은커녕 뒤따르기도 벅찰 듯싶다.
3 휘휘 휘젓는 흰꼬리수리를 피해 날아가는 오리가 있는가 하면 한쪽에서는 도망갈 생각은 않고 눈치만 살피는 녀석들도 있다.

오리가 모여 있는 곳 가까운 버드나무 위에 참매 한 마리가 조용히 날아와 앉는다. 사냥을 하기 위한 매복으로 나무 가운데쯤 자리를 잡았는데 오리들은 눈치를 채지 못하고 있다.

고는 이내 눈길을 돌리며 깃털을 부풀려 몸을 부르르 떤다. 참매가 몸을 부르르 떨며 깃털을 흔드는 것은 긴장하지 않고 있다는 몸짓이므로 일단 안심이다. 내 차를 경계하는 것 같지는 않다. 내 존재를 들키지 않은 것 같다. 이 순간만큼은 녀석에게 나는 자연의 일부인 것이다. 얼마나 오랫동안 기다리던 순간이던가? '움직임이 없으면 참매도 경계를 늦추는구나.' 나도 모르게 빙긋 웃음이 나왔다.

1 참매가 사냥하러 나타나건 말건 큰고니 무리는 늦잠에 푹 빠져 있다. 붉은 새벽빛에 물든 해미청만 곱게 빛나고 있다.
2 새벽빛을 받으며 오리 무리가 속속 날아든다. 이들은 본능적으로 같은 무리가 많이 모여 있는 곳이 안전하다고 느끼는 듯싶다.

결정적 순간을 노리며
끈질기게 기다리다

이제 참매가 사냥하기 위해 움직일 때까지 기다리면 된다. 물론 맥 놓고 기다리는 것이 아니라 한순간이라도 참매에게서 눈을 떼어선 안 된다. 잠깐 한눈을 팔다가 민첩한 참매의 움직임을 놓치면 그야말로 낭패다. 언제 사냥에 돌입할지 짐작할 수 없기 때문에 긴장을 늦춰서는 안 된다. 눈꽃이 활짝 핀 버드나무 가지에 앉은 참매는 그저 까만 점으로 보인다. 그 한 점, 참매에 시선을 고정시킨 채 언제 끝날지도 모르는 긴 기다림을 견뎌야 하는 일은 정말 지루하고 고통스럽기 그지없다. 인내심을 건 참매와의 길고 긴 한판 싸움에서 이기려면 지루하기 짝이 없는 시간의 흐름을 버틸 수 있는, 바보스러우리 만치 끈질긴 고집이 필요하다. 눈꽃 위로 쏟아져 반짝이는 햇빛마저 부릅뜬 눈을 힘들게 한다. 잠깐이라도 햇빛을 피하고 싶은 마음은 굴뚝같지만 자칫하다가는 참매가 오리를 낚아채는 순간을 놓칠 수 있다. 며칠 전에도 그랬고 2주 전에도 같은 실수를 했었다. 두 번 다시 그런 실수를 하지 않겠다고 다짐하고 또 다짐하며 이를 악문다.

 한 시간쯤 흘렀을까. 참매가 매복해 있는 버드나무 아래는 하나둘 모여드는 오리들

해미천의 오리들은 무리를 지어 함께 먹고 같이 쉴 뿐만 아니라 위험이 닥쳐도 흩어지지 않고 한꺼번에 움직인다. 무리가 일으키는 어지러운 물보라에 참매도 당황해 사냥하기가 쉽지 않을 것 같다.

로 야구 경기장만큼이나 북적이며 소란스러워졌다. "꽉, 꽉" 질러 대는 청둥오리의 목쉰 소리가 어지럽고, 쇠오리의 가볍고 경쾌한 날갯짓에 물보라가 튕긴다. 참매는 고개를 이리저리 돌리며 주변을 살피기도 하고 물 위의 오리들을 뚫어져라 쳐다보다가는 이내 날개깃을 부리로 훑으며 깃털을 다듬는다. 참매가 오리들을 내려다볼 때에는 혹시나 공격하지 않을까 덩달아 나도 바짝 긴장한다. 카메라 셔터 위에 손가락을 올려놓고 온 신경을 모으다 보면 뒷목이 뻣뻣해진다. 눈은 깜박이지 않도록 부릅뜨고, 카메라가 흔들릴까 봐 숨도 크게 못 쉰다. 일촉즉발의 숨 막히는 나의 자세를 비웃기라도 하듯 참매 녀석이 슬쩍 고개를 돌리더니 느긋하게 다시 깃털을 다듬기 시작한다. 일순간 온몸의 긴장이 무너져 내린다. 허탈하다는 말만으로는 표현이 부족하다. 참매가 자신들을 노리고 있다는 사실을 아는지 모르는지 오리들은 참매가 앉아 있는 버드나무 아래를 유유히 오가며 따스한 햇볕 받기에 여념이 없다. 눈길이 미끄러워서인지 주변을 오가는 자동차의 움직임도 뜸하고 주위도 조용해 나로서는 더없이 좋은 기회에 기대감이 커진다.

1 참매나 매는 물론이고 그보다 덩치가 큰 흰꼬리수리조차 큰고니를 사냥하는 모습은 보지 못했다. 주변의 적들로부터 크게 위험을 느끼지 않는 큰고니도 자리를 옮길 때 보면 오리가 많이 모여 있는 곳으로 날아든다. 이 또한 본능일 것이다.

2 어린 큰고니가 몸을 세워 균형을 잡으며 해미천 위로 시원하게 미끄러져 내려앉는다. 그 모습이 마치 스키 선수가 눈 위를 미끄러지는 모습만큼 멋있었다.

두 시간이 흘렀다. 참매가 매복한 버드나무 아래의 해미천은 물 반 오리 반이라 해도 지나치지 않을 만큼 오리들로 북적인다. 나무에서 그냥 굴러 떨어져도 오리 위로 엎어질 텐데 도대체 어떤 순간을 노리는 것인지 참매란 녀석은 꼼짝도 하지 않아 답답하기만 하다. 시간이 흐를수록 운전석이 갑갑하게 느껴지고 몸은 점점 뒤틀린다. 몸이 괴롭다는 생각이 들자 집중도 잘 되지 않는다. 큰고니 한 무리가 해미천 위쪽에서 멋진 모습을 뽐내면서 내 앞으로 날아들며 유혹하지만 눈을 돌릴 수는 없다. 그 순간에 참매가 움직이면 몇 시간 동안의 기다림이 물거품이 되기 때문이다. 무릎 위에 올려놓은 카메라 렌즈의 무게가 점점 무겁게 짓누른다. 긴박감에 팔까지 저려 와 고통스럽지만 내려놓을 수 없다. 만약 그 순간에 참매가 사냥을 시작하면 때를 놓치게 된다.

세 시간이 흘렀다. 해는 머리 위에 떴고, 참매가 앉은 버드나무의 눈꽃이 다 녹아 앙상한 나뭇가지가 꺼멓게 드러났다. 하얀 눈꽃에 까맣게 두드러지던 참매의 모습도 나뭇가지에 가려 가물가물하다. 오늘도 사냥 모습을 찍기는 틀렸다는 생각이 들자 허탈

1	2
3	4

1 여름 철새인 호랑지빠귀가 훤히 들여다보이는 나무줄기 사이에 둥지를 마련하고 새끼들에게 지렁이를 잡아다 먹이고 있다. 둥지가 훤히 보이기 때문에 곧잘 참매의 습격을 받아 새끼를 잃기도 하는데, 왜 몸을 숨길 수 있는 우거진 나뭇잎 속에 둥지를 짓지 않는지 알 수 없다.

2 여름 철새인 쏙독새도 주로 밤에 사냥해 새끼를 키우는데 낮에는 한곳에 자리를 잡고 앉아 꼼짝하지 않는다. 자신의 깃털이 위장색이라는 것을 잘 알고 있어서 사람이 가까이 다가설 때까지 날아가지 않는다.

3 쏙독새 새끼는 6월 말쯤이면 갈색 깃털이 다 자란다. 한낮에 사람이 가까이 다가가도 도망가지 않고 눈치만 살피는 것은 제 어미처럼 주변의 색깔과 비슷한 자신의 깃털 색을 본능적으로 믿는 것 같다.

4 쏙독새는 별다른 둥지 없이 제 깃털 색과 비슷한 갈색 나뭇잎이 있는 땅바닥에 알을 2개만 낳아 품는다. 어미가 먹이를 게워 막 알에서 깨어난 새끼의 부리를 벌리고 목구멍 속으로 밀어 넣어주고 있다.

한 마음에 절로 눈이 질끈 감긴다. 처음 참매를 만났을 때 당황스러웠던 기억이 새삼스레 떠올랐다.

2006년 5월, 처음 참매 둥지와 마주했다. 그때는 나라 안에서 처음으로 참매가 새끼 기르는 모습을 찍는다는 사실에 흥분해 어미 없는 둥지를 몇 시간이고 지키며 새끼만 쳐다보고 있어도 재미있었다. 지루하다든가 괴롭다는 생각이 들 틈이 없었다. 참매 둥지는 낙엽송이 빽빽하게 들어선 첩첩산중에 있었다. 카메라와 600밀리미터 렌즈가 든 15킬로그램이나 되는 무거운 가방을 메고 30분 넘게 산을 올라 미리 세워 놓은 위장 텐트에 들어앉아 사진을 찍었다.

주로 산 사진을 찍던 나는 그 무렵 〈문화일보〉 김연수 기자와 친분을 쌓으면서 생동감 넘치는 새들의 몸짓에 푹 빠져들었다. 주로 밤에 사냥하는 쏙독새와 올빼미, 소쩍새의 사진을 찍기 위해 저녁마다 충주의 한 시골 마을로 내려갔다. 그 마을에서 밤나무 농사를 짓는 윤상호 씨가 자신의 밤나무 과수원 땅바닥에 쏙독새가 알을 품고 있다고 김 기자에게 알려 와 그 사진을 찍기 위함이었다. 그때는 올빼미를 찍으며 밤을 꼬박 새우고, 호랑지빠귀 같은 산새의 둥지를 찍기 위해서는 푹푹 찌는 무더위쯤 아랑곳하지 않을 만큼 열정이 남달랐다. 상호 씨 밤나무 밭에 둥지를 튼 쏙독새가 2개의 알을 낳고 품는 과정을 찍고 있는데, 하루는 상호 씨가 찾아와 조심스레 새 둥지 이야기를 꺼냈다. "앞산에서 어마어마하게 큰 둥지를 발견했는데 매 둥지 같기도 하고……." 자신 없어 하며 말끝을 흐리는 그와는 달리 우리는 귀가 번쩍 뜨여 "그럼, 당장 가 봐야지." 하고 소리를 질렀다. 김 기자도 눈을 반짝였다. 아무리 마음이 급해도 캄캄한 밤에 산을 오를 수는 없는 법. 다음날을 기약하고 예정대로 쏙독새를 찍는데 이미 마음은 온통 산 위의 커다란 둥지에 가 있었다.

1 한밤중에 아비 올빼미가 새끼들에게 먹일 쥐를 사냥해서, 오래된 느티나무 구멍을 재활용한 둥지 속으로 들어가고 있다. 요즘은 나무를 보호한다며 사람들이 이런 구멍을 모두 막아 버려 올빼미들이 새끼 키우는 데 어려움을 겪고 있다.
2 어미 올빼미는 둥지 가까운 곳에 앉아서 둥지를 지킨다.
3 여름 철새인 소쩍새 수컷이 느티나무 구멍 속에 둥지를 마련하기 위해 찾아왔다. 올빼미보다 덩치가 작은 소쩍새는 딱따구리의 묵은 둥지를 사용하기도 한다.
4~5 오색딱따구리의 묵은 둥지를 재활용해 새끼를 키우는 소쩍새가 먹이를 잡아왔다. 곧 둥지를 떠날 만큼 자란 새끼들은 둥지 입구에서 기다리다 어미가 잡아온 먹이를 받아먹는다.

1	2	3
4	5	

장소를 아는 상호 씨 사정으로 며칠 뒤인 일요일 아침, 우리 세 사람은 둥지를 찾아 산으로 올랐다. 멀리 남한강이 내려다보이는 산등성이 밑은 솎아베기를 한 나무가 정리되지 않아 나무들이 듬성듬성 보기 흉하게 널브러져 있었다. 300미터 남짓한 작은 산꼭대기를 하나 넘고 길도 없는 산허리를 돌아 산등성이로 내려서니 빽빽한 낙엽송이 앞을 막았다. 아직 새싹이 돋기에는 이른 때라 앙상한 가지에 부딪치는 바람 소리만 을씨년스러웠다. 상호 씨가 손가락을 입에 대고 "지금부터는 조용히!!"라고 주의를 주고는 까치발로 살금살금 앞서 나갔다. 덩달아 우리도 엉거주춤 몸을 웅크리며 까치발을 했다. 마른 낙엽과 나뭇가지들이 어지럽게 깔린 이른 봄의 산을 소리 내지 않고 걷는 일이 쉽지 않았다. 숨소리를 죽이다보니 숨이 가빠졌다. 그렇게 낙엽송 숲길을 10여 분 정도 앞서 걷던 상호 씨가 가파른 산등성이에 살포시 주저앉으며 우리 보고 보란 듯이 손가락으로 앞쪽을 가리켰다. 잔뜩 긴장해 말은 못하고 상호 씨가 가리키는 곳을 살펴보았지만, 도무지 어딘지 알 수가 없었다. '쏴아, 쏴아' 낙엽송 사이로 바람만 일정한 간격으로 스쳐 지나갔다. 바람 소리에 맞추어 춤추듯 건들거리는 낙엽송뿐 둥지는 보이지 않았다. 우리가 둥지를 찾지 못하자 말은 못하고 답답해진 상호 씨는 손가락만 자꾸 앞으로 내밀었다. 우거진 숲에 가려 한참을 애태우는데 한순간 낙엽송 사이로 높은 곳에 매달린 시커멓고 둥그런 둥지가 보였다. 난생 처음 보는 커다란 둥지에 두 사람은 눈이 휘둥그레졌다.

방석 같이 둥그런 둥지 위에는 그때까지 본 적 없는 새가 한 마리 앉아 있었다. 처음 마주 대하는 모습에 긴장과 흥분으로 가슴이 콩닥콩닥 뛰었다. 둥지 위에 앉았던 새가 소리 없이 고개를 우리 쪽으로 돌렸다. 우리가 가까이 다가가는 것을 눈치챘는지 더 이상 다가오지 말라는 듯 앉은 자세로 눈을 흘기는 눈매가 매섭고 날카롭다. 시퍼런 기운이 감도는 듯한 신경질적인 눈동자에 그만 기가 질려 간담이 서늘할 지경이었다.

키 큰 낙엽송이 우거진 숲에서 처음 만난 참매 둥지는 산길조차 없어 사람의 발길이 닿지 않는 깊은 숲 속에 있었다.

처음 보는 거대한 둥지 크기에 먼저 놀랐고, 알을 품고 앉은 어미 새의 서슬 퍼런 눈동자에 기가 질렸다.

좀 더 다가가 보면 좋으련만 무슨 새인지 알 수가 없으니 그저 조심스럽기만 했다. 떨어져 쌍안경으로 관찰하는 것조차 여간 조심스러운 게 아니었다. 한참을 쌍안경으로 들여다보던 김 기자가 자신 없는 목소리로 "참매 같은데……, 지금 알을 품고 있는 것 같아요."라고 중얼거렸다. 어떤 새이든 혹시 우리 때문에 놀라 둥지를 포기할까 봐 불안해져서 맹금류 둥지인 것을 확인했으니 오늘은 그만 돌아가는 것이 좋겠다고 서로 눈짓을 주고받으며 물러 나왔다. 되돌아 나올 때에도 발소리가 나지 않도록 한참을 조심했다. 그렇게 둥지에서 멀어지는 내내 아무 말 없이 각자 자기 생각에 골똘히 빠져 있었다. 만약 참매 둥지라면 우리나라에서도 새끼를 키운다는 사실을 처음으로 확인한 셈이니 대단한 사건이다. 김 기자도 생각이 복잡한 듯 말이 없었다. 둥지에서 한참을 벗어나서야 마음 놓고 걸음을 멈췄다. 흥분이 가시지 않은 얼굴로 김 기자가 먼저 말을 꺼냈다. "참매 같기는 한데 좀 더 알아보아야 할 것 같고요. 우선 사진을 찍으려면 둥지가 보이는 곳에 숨을 수 있는 움막을 짓는 게 좋겠어요." 상호 씨가 두 사람이 들어갈 정도의 크기로 까만 비닐을 이용해 지어 주겠다고 나서며, "내가 알려 주었으니 사진을 잘 찍을 수 있도록 기꺼이 돕겠다."며 씩 웃었다. 그러고는 곧바로 재료를 챙겨 와서 오늘 안으로 움막을 만들어 놓겠다고 했다. 일단 둥지를 보고 나니 마음이 급해지면서 한시라도 빨리 사진을 찍고 싶어서 조바심이 났다.

 그날 저녁, 흥분을 감추지 못하는 목소리로 김 기자가 전화를 해왔다. "박 선배님, 참매가 맞아요. 아직 국내 번식 기록은 없고요." 애써 참는 듯하지만 목소리의 떨림이 전해졌다. 흥분이 되기는 나도 마찬가지였다. 지금까지 천연기념물 제323−1호로 지정된 겨울 철새라고만 알고 있었는데 우리나라에서 번식을 하다니……. 그때까지 찍던 사진을 모두 멈추고 참매 둥지 관찰에만 전념하기로 의기투합했다.

 다음날 새벽같이 서둘러 충주로 내려갔다. 다행히 움막은 전날 오후에 쳐 놓았다고 했다. 상호 씨는 어미가 둥지를 지키고 있어서 가까이 가지는 못했다며, 둥지 주변이 갑자기 소란스러워지면 참매가 알품기를 포기할지도 모르니 조심하라고 신신당부를 하며 한번 올라가 보라고 했다. 상호 씨 부탁이 아니더라도 가장 신경 쓰이는 점이었다. 또한 다른 사람들이 눈치를 채고 몰려들지나 않을까 하는 걱정도 되었다. 평일에는 근무를 해야 하는 김 기자 몫까지 내가 도맡아 관찰하며 사진을 찍기로 했다. 둥지를 향해 산을 오르는 내내 가슴은 뛰고 긴장한 탓인지 입이 바짝 말랐다. 30분쯤 산을 올라 둥지가 있는 낙엽송 숲으로 들어서면서는 나도 모르게 까치발이 되었다. 묵직한 카메라 무게 때문인지 내 발걸음에 밟힌 마른 나뭇가지가 부러지는 소리에 내가 깜짝깜짝 놀랐다. 상호 씨가 만들어 놓은 시커먼 움막은 좀 엉성하지만 몸을 숨기기에는 충분했다. 애써 둥지를 외면한 채 움막으로 숨어들었다.

　둥지는 조용했다. 알을 품는 어미 참매는 낯선 움막과 사람의 등장에 긴장한 듯 꼼짝하지 않고 뚫어져라 쳐다보았다. 소리가 날까 봐 잔뜩 긴장한 채 조심조심 카메라를 세워 둥지를 향해 겨누었다. 어미 참매는 알을 품은 자세 그대로 부리부리하고 신경질적인 눈동자로 움막을 째려 보았다. 처음 카메라 뷰파인더를 통해 만난 참매의 날카로운 눈동자가 매우 인상적이었다. 나를 보는 것이 아니라 움막을 경계하는 시선이란 것을 알면서도 시퍼런 눈동자를 마주하니 지레 겁이 났다. 참매에게 셔터 소리가 들릴세라 최대한 조심스레 한 컷을 찍고는 냉큼 눈치를 살폈다. 참매는 꼼짝하지 않았다. 셔터 한 번 누르고 참매 눈치 한 번 살피고, 셔터 한 번 누르고 참매 눈치 한 번 살피고. 사진 찍는 즐거움은 고사하고 마치 살얼음판을 걷는 것처럼 아슬아슬 진땀이 났다. 그런들 대수냐 싶었다. 우리나라에서 처음으로 참매가 알을 품는 모습을 찍고 있는데. 가슴이 벅차올라 나도 모르게 깊은 숨을 몇 번이고 들이쉬고 내쉬었다.

　감동도 잠시. 참매가 꼼짝 않고 둥지에 앉아 알을 품고 있으니 마치 한 장면을 반복

참매 수컷은 알을 품는 암컷이 둥지 밖으로 나가 먹이를 먹고 있을 때에만 대신 둥지로 들어가 알을 지킨다. 알을 품는 동안 암컷은 누군가 나무를 두드리거나 직접 올라가지 않는 한 둥지에서 꼼짝하지 않는다.

해서 찍은 듯 똑같은 모습의 사진뿐이었다. 카메라 뷰파인더에서 눈을 떼고 둥지를 쳐다보았다. 어떤 행동이든 자세에 변화를 기대하면서. 수컷이 먹이를 가지고 둥지로 돌아오면 좋겠다는 생각도 들었다. 오전 내내 하는 일 없이 둥지만 바라보며 몇 시간을 보냈다. 참매의 습성을 전혀 모르는 채 그저 쳐다만 보고 있는 일이 이렇게 힘들 줄은 몰랐다. 사실 수컷이 암컷을 위해 먹이를 잡아오는지, 아니면 암컷이 직접 둥지 밖으로 나가 사냥을 하는지, 그도 아니면 수컷이 잡아온 먹이를 마중 나가 받아먹는지 참매에 대해 알고 있는 것이 없으니 당혹스럽고 갑갑할 뿐이었다. 움막의 맨바닥에 주저앉아 몸을 이리 틀고 저리 틀면서 지루함을 견뎠던 그때의 기억이다. 사냥감을 노리며 해미천 둑길 버드나무에 앉아 있는 참매의 사냥 순간을 무작정 기다려야 하는 갑갑함

알에서 깨어난 지 하루, 이틀쯤 된 새끼는 깃털이 적어서 어미가 품어 몸을 따뜻하게 해 주어야 한다.

이 그때와 같았기 때문이리라.

  충주의 작은 산에서 알을 품고 새끼를 키운 참매에 대한 기록은 그해 6월 김 기자가 기사를 써서 특종을 냈고, 그 기사로 김 기자는 '이달의 기자상'을 수상했다. 그 무렵 어미 참매는 알을 깨고 나온 두 마리의 어린 새끼 곁을 떠나지 않고 하루 종일 둥지를 지켰다. 특종 기사가 나간 후에도 새끼가 자라는 모습을 거의 매일 관찰하며 사진을 찍었다. 알을 품을 때에는 움막으로 들어가려 가까이 다가가도 별 경계를 하지 않던 어미 참매가 새끼가 태어난 후로는 신경이 날카로워졌다. 동이 틀 무렵 움막에 도착하면 새끼와 함께 있던 어미 참매가 움막 근처로 날아와 "꺅꺅꺅" 신경질적으로 경계 소리를 내곤 했다. 날카로운 경계 소리를 듣고 있자면 마음이 조마조마하고 숨도 제대로 쉬어 지지 않았다. 움막이 조용해져야 비로소 어미는 둥지의 새끼 옆으로 돌아가 앉았다. 꼼짝 않던 새끼들도 어미가 둥지로 돌아오면 안심이 된다는 듯 까딱거리며 어미에게 달려들었다. 그때부터 수컷이 먹잇감을 가지고 나타날 때까지 몇 시간이고 기다

1	2
3	4

1 갈대숲에 튼 둥지를 건드리지 않는 한 특별히 경계를 하지 않는 붉은머리오목눈이가 먹이를 가져와 새끼들에게 먹이고 있다.
2 여름 철새인 흰배지빠귀 어미가 새끼들에게 먹이를 먹이고는 새끼가 꼬리를 치켜세우고 똥을 누면 받아가려고 기다리고 있다.
3 여름 철새인 되지빠귀가 무성한 나뭇잎 속에 튼 둥지에서 새끼에게 먹이를 먹이고는 낯선 위장 텐트가 신경 쓰이는지 유심히 살펴보고 있다.
4 여름 철새인 큰유리새가 산속 조용한 바위 밑에 둥지를 틀고 새끼 일곱 마리를 키우고 있다. 수컷이 먹이를 가져와 새끼에게 먹이는데 20여 미터 떨어진 위장 텐트를 크게 경계하지 않는다.

1	2
3	

1 새끼가 어릴 때에는 수컷이 먹이를 가져와도 종종 암컷이 먹이를 받으러 둥지를 벗어나지 않을 때가 있는데 그러면 수컷이 직접 먹잇감을 둥지로 가져오기도 한다.

2 두 마리 새끼 중 살아남은 한 마리가 홀로 외롭게 어미를 기다리고 있다. 아침 내내 나타나지 않는 어미를 기다리다 지쳐 하품하는 모습이 앙증맞다.

3 알에서 깨어난 지 한 달된 새끼는 어미가 먹이를 가져오자 날카로운 경계 소리를 냈다. 아마도 먹이를 지키기 위한 본능인 것 같다.

려야 했다. 참으로 지루하고 고통스러운 시간이었다. 참매의 먹이가 되는 작은 새들의 둥지를 찍을 때는 지루할 사이가 없었다. 녀석들은 대략 2분에서 5분 간격으로 먹이를 물고 나타나기 때문에 그 모습을 찍느라 정신이 없다. 이들을 찍을 때까지만 해도 새끼를 키우는 새 둥지를 관찰하고 사진 찍는 일은 즐겁고 흥분되며 감동적이었는데, 참매 둥지를 지켜보면서는 모든 둥지 관찰이 재미있는 것만은 아니라는 걸 알게 되었다.

처음에는 참매가 새끼들에게 먹이를 먹이는 감동적인 모습을 볼 수 있을 것이라 잔뜩 기대하며 설레는 마음으로 어미를 기다렸다. 그러나 시간이 2시간, 3시간 흐르면 사진을 찍겠다는 의욕이 옅어지면서 지루하고 힘들어 그만두고 싶어질 뿐이었다. 새끼에게 왜 그렇게 오랜 시간 동안 먹이를 주지 않는지 원망스럽기까지 했다. 수컷은 사냥을 하고 암컷은 새끼를 돌보는 식으로 참매 부부의 역할 분담이 명확하다는 것은 알고 있지만, '수컷이 먹이를 잡아오지 않으면 암컷은 사냥하면 안 되나' 하는 생각도 들고 '혹시 수컷에게 무슨 사고라도 생긴 것은 아닐까' 하는 걱정까지 별 생각이 다 들었다. 참매의 속사정을 모르니 무작정 기다려야만 했던 그때의 시간이 참으로 야속하고 답답했다. 참매가 새끼 키우는 습성이 이런 것이려니 하고 스스로 위로하기도 하고, 그 누구도 보지 못한 새로운 모습을 보고 있다는 기대와 설렘으로 지루함을 잊기도 했었다.

지금 해미천에서 몇 시간째 매복만 하고 있는 참매를 지켜보고 있자니 4년 전 몹시 궁금했던 의문이 마침내 풀리는 것 같다. 참매는 배가 고프다고 해서 또는 식사 때가 되었다고 사냥을 하는 것이 아니었다. 새끼들에게 때맞추어 먹이를 먹이지 못하더라도 사냥할 여건이 되지 않으면 사냥에 나서지 않는 것이다. 어쩌면 며칠을 굶을 수도 있다.

알에서 깨어난 지 20일이 된 녀석은 하얀 솜털을 벗고 제법 갈색 깃털로 갈았으며 날갯짓도 힘차고 눈매도 매섭게 바뀌었다.

알에서 깨어난 지 28일 된 어린 참매 녀석의 날갯짓이 둥지에서 발이 떨어질 정도로 제법 힘차다.

오리 사냥이 어렵다고 판단되었는지 참매 한 마리가 물 위를 낮게 날아 이동하고 있다. 날아가면서도 고개를 위로 들고 주변을 살핀다.

아무도 모르게
움직인다. 은밀하게…

해미천은 오리 떼와 큰고니 무리가 한데 어울려 시끌벅적하다. 큰고니들은 먹이를 놓고 서로 다투고, 오리들은 끼리끼리 어울려 물장구를 치며 "꽉꽉" 소리를 질러 대니 와자지껄 소란스럽다. 여전히 움직이지 않는 것은 나와 참매뿐이다. 정중동靜中動이라고 할까? 움직임은 없으나 출발 신호를 기다리는 달리기 선수가 느낄 법한 긴장감이 팽팽하다. 참매가 지금이라도 사냥을 시작하지 않으면 점심시간에 산책 나오는 하수종말처리장 직원들이 방해가 될 게 뻔하다. 지금까지 참매는 둑길에 사람이 나타나면 여지없이 사냥을 포기했다. 몇 시간이고 매복하여 사냥 기회가 무르익었다 하더라도 슬쩍 자리를 옮겨 버렸다. 내가 있는 곳에서 더 멀리, 사진 찍기가 어렵게 눈으로는 찾을 수 없는 먼 곳으로. 오늘은 그렇게 되면 안 되는데……, 애를 태우며 슬쩍 참매에게 고정시켰던 눈길을 하수종말처리장 뒷문 쪽으로 돌리니 이미 휘휘 팔운동을 하며 직원들이 걸어 나오고 있다. 얼른 참매를 돌아보니 이미 앉은 자세가 바뀌었다. 흘깃 운동하는 사람들을 쳐다보는 듯하더니 하천 아래쪽으로 시선을 돌린다. 날아갈 곳을 찾는 것 같다. 아니나 다를까, 얼음땡놀이라도 하듯이 요지부동이던 참매가 훌쩍 날아오르더니 이내 해미천 아래쪽으로 향한다. 갈대를 스칠 듯 말 듯 낮게 날아 미련 없이 떠나간다. 개울에서 놀던 오리들은 피할 생각은 물론 날아가는 참매에 관심도 없어 보인다. 오리들은 참매가 자신들을 사냥하지 않고 그냥 지나간다는 것을 어떻게 알아챘을까? 참으로 신기한 일이다. 오전 내내 팽팽한 긴장 속에서 끈질기게 기다렸던 참매의 사냥 순간 포착의 꿈은 또 허무하게 무너졌다. 어제는 공사 트럭이, 오늘은 운동하는 사람이 훼방을 놓은 셈이다. 아무도 눈치채지 못하게 숨어서 사냥하는 습성이 있다고는 하지만 자신을 해코지할 의도가 전혀 없는 사람이 개울 건너편에 있다는 사

추운 겨울에도 얼지 않은 해미천을 찾는 큰고니는 갈대의 부드러운 줄기나 뿌리를 즐겨 먹는 것 같다.

실만으로 사냥을 포기하고 마는 예민함에는 할 말을 잃었다.

참매가 날아간 쪽 한 번 쳐다보고, 운동하는 사람들 뒷모습을 한 번 쳐다보니 절로 한숨이 나온다. 슬며시 오기가 치밀어 오른다. 몇 년이 더 걸리더라도 참매가 오리를 사냥하는 순간은 꼭 멋지게 찍어 보리라. 내가 오기를 부리거나 말거나 해미천 위에는 여전히 오리들이 바글거리고, 큰고니 무리는 개울 가운데 섬처럼 생긴 모래톱에서 갈대 뿌리와 부드러운 줄기를 먹느라 정신이 없다. 참매가 매복해 있던 버드나무 꼭대기에는 그새 말똥가리가 날아들어 두리번거리고 있다. 오리가 모여 있는 주변의 버드나무 그 어디에서도 참매의 모습은 찾아볼 수 없다. 참매는 사냥할 때뿐 아니라 매사에 조심스럽고 예민한 새인 것 같다. 2008년 봄, 소나무에 둥지를 튼 참매를 찍을 때도 어미 참매가 몹시 예민하게 굴었다.

그날도 위장 텐트 속에서 참매 수컷이 먹이를 가지고 돌아오기를 기다렸다. 암컷은 여전히 둥지에서 새끼를 돌보는데 수컷은 아침부터 나타나지 않고 있었다. 위장 텐트에 사람이 있다는 것을 아는 암컷이 가끔 노려보는 것으로 경계를 하는 듯 싶지만 내가 움직이지 않으면 특별히 텐트까지 날아와 경계하지는 않았다. 그러나 위장 텐트 뒤로 잠깐 나가기라도 하면 가까이 있는 키큰나무로 득달같이 날아와 날카로운 경계 소리를 냈다. 찢어지는 듯한 높은음의 스타카토 staccato, 한 음 한 음 끊듯이 연주하는 것으로 "꺅, 꺅, 꺅! 꺅, 꺅, 꺅!" 가슴을 에는 듯한 날카로운 참매의 경계 소리를 들으면 구급차의 경보 소리를 듣는 것처럼 불안하고 마음이 급해져서 바로 위장 텐트로 들어오게 된다. 내가 보이지 않고 움직임도 느낄 수 없으면 참매 어미는 다시 둥지로 돌아가 새끼들 옆을 지키고 앉아 날카로운 눈동자를 번뜩였다.

한바탕 소동이 지나고 다시 잠잠해진 뒤에야 둥지 근처 숲에서 수컷 소리가 들려왔

어미 참매가 둥지 가까운 나무로 옮겨 사냥 나간 수컷을 기다리고 있다. 새끼들이 꽤 자란 뒤에는 주로 어미가 먹이를 나눠줄 때 말고는 둥지 밖으로 나와 있다.

다. 둥지에 있던 암컷은 소리 나는 쪽을 한참 쳐다보다가 대답이라도 하는 듯 "깍깍깍 깍!" 울며 그쪽으로 날아갔다가 잠시 후 작은 새 한 마리를 움켜쥐고 돌아왔다. 새끼들이 어미 앞으로 몰려들었는데 무슨 영문인지 어미는 먹잇감을 쥔 채로 내 위장 텐트 쪽을 뚫어져라 쳐다보았다. 새끼들도 덩달아 꼼짝 않고 어미를 올려다보았다. 먹이를 찢어 새끼들에게 나눠 먹이는 모습을 찍으려고 셔터 위에 손가락을 올리고 대기하던 나까지 순간 멈춤 상태가 되었다. 어미 참매는 먹이를 새끼들에게 먹이기 직전에는 늘 예민하게 주위를 살폈다. 위장 텐트 안에 사람이 있는 것을 알고 있으니 불쑥 또 튀어나올까 봐 잔뜩 경계를 하며 노려보았다. 2분에서 5분쯤. 짧다면 짧은 그 시간이 어찌나 길게 느껴지던지……. 내 쪽을 째려보는 사나운 눈동자의 예리함에 숨도 크게 쉬지 못하고, 주변은 팽팽한 긴장감에 휩싸였다. 위장 텐트 밖으로 내민 렌즈를 응시하

1 어미 참매가 알에서 깨어난 지 8일 된 새끼들 가운데로 먹이를 내밀어 주는데 새끼들은 앞서 준 먹이를 서로 물고 빼앗느라 야단법석이다.
2 참매는 먹이를 가지고 있을 때 특히 경계가 심하다. 새끼에게 먹일 때나 스스로 사냥한 것을 먹을 때도 마찬가지다. 새끼에게 먹이를 먹이던 어미가 카메라 셔터 소리를 들은 것 같다.
3 어미가 움직임을 멈추고 소리 난 쪽을 쳐다보자 새끼들도 어미 눈치를 살피며 얼음땡자세가 되었다.

1 텃새인 직박구리가 나뭇잎이 우거진 나무의 높지 않은 곳에 둥지를 틀고 새끼를 기르고 있다. 직박구리는 종종 참매의 먹이가 되기도 한다.
2 여름 철새인 되지빠귀가 잎이 무성한 나무 깊숙이 둥지를 짓고 새끼를 키워 내고 있다.

던 어미 참매는 움직임이 전혀 없자 안심했는지 고개를 돌려 먹잇감을 천천히 찢기 시작했다. 꼼짝 않고 어미만 쳐다보고 있던 새끼들도 어미에게서 먹이를 받아먹느라 바빠졌다. 새끼들에게 먹이를 나눠 먹이다가도 어미는 잊지 않고 한번씩 위장 텐트 쪽으로 경계의 눈빛을 보내곤 했다. 셔터 소리가 신경 쓰여 셔터 한 번 누르고 얼른 어미 반응 살피기를 여러 번 반복했다. 어미는 되풀이되는 것이라 그런지 셔터 소리를 크게 경계하지 않고 새끼들에게 먹이를 먹였다. 그들을 방해하지 않게 된 것만으로도 감사하며 어미 참매와 새끼의 사진을 한참 찍었다. 살짝 긴장을 늦추었나 보다. 카메라 렌즈를 바꾸기 위해 렌즈가 위장막 속으로 들어왔다가 다른 렌즈가 나가는 움직임을 어미가 보았다. 지체하지 않고 위장 텐트 쪽으로 날아와 귀청이 찢어져라 날카로운 경계의 소리를 질러 댔다. "꺅꺅꺅꺅, 꺅아꺅, 꺅아꺅!" 날카롭고 높은 참매의 울음소리가 낙엽송 숲에 쩌렁쩌렁 울려 퍼지며 순간 긴장감이 돌았다. 섧게 울던 뻐꾸기가 울음을 멈추고, 짝을 찾던 흰배지빠귀의 소리마저 끊겼다. 일순간 낙엽송 숲에 정적이 맴돌았다. 참매의 노여움을 알 리 없는 매미만 목청껏 울어 댔다.

    참매를 만나기 전 다른 새들의 둥지를 살필 때에는 갓 깨어난 새끼들의 귀여운 몸짓과 이들을 돌보는 어미의 지극한 모성애가 묻어나는 놀라운 몸짓들을 즐겁게 찍으면 됐다. 위장 텐트 안에 있으면 어미 새들이 민감하게 경계하지 않아 크게 긴장하거나 당혹스러웠던 기억이 없었다. 이렇게 둥지에 있는 어미 눈치를 보는 것은 참매가 처음이었다. 내 위장 텐트에서조차 움직임을 들키면 안 되는 참매의 까다로움에 극도로 긴장하지 않을 수 없었다. 재미있고 즐거워서 자발적으로 들고 나선 카메라인데 녀석들 앞에서는 힘들고 고통스러운 일이 되어 갔다.

1
2

1 날이 추워 개울이 얼면 물속에서 먹이를 찾는 백로는 어려움을 겪는다. 햇살 따뜻한 한낮에 백로들이 논두렁에 옹기종기 모여 추위를 피하고 있다.

2 해미천이 간월호와 만나는 모래톱에서 어린 녀석과 함께 쉬고 있던 큰고니 가족이 바로 옆을 지나는 자동차를 경계하며 주위를 살피고 있다.

허허실실한
매복 사냥술

어찌되었든 오늘은 해미천에서 예민한 참매가 사냥하는 모습을 보기 어려울 것 같다는 생각이 들기도 하고, 진짜 속마음은 오전의 긴 기다림이 헛수고로 끝난 허탈감에 오전에 이어 또다시 무작정 참매를 기다릴 마음이 영 들지 않아 마음도 풀고 천수만의 겨울 풍경도 구경할 겸 해서 간월호 주변 들녘 쪽으로 차를 몰았다. 차창 오른쪽 건너편으로는 드넓은 천수만을 지긋이 굽어보는 듯한 도비산이 눈을 흠뻑 뒤집어쓰고 하얗게 반짝이며 서 있고, 왼쪽으로는 해미천이 간월호로 흘러드는 어귀가 날씨 탓에 얼음판으로 변한 모습이 눈에 들어온다. 눈이 쌓인 모래톱에서 긴 목을 등에 얹고 잠을 자던 큰고니 몇 마리가 한쪽 눈만 뜬 채 다가가는 내 차의 눈치를 살핀다. 큰고니들의 휴식을 방해할까 봐 최대한 엔진 소리를 죽이고 큰고니 옆을 지나쳐 다리를 건넌다. 그곳 들녘에서 훈련하는 전투기가 천둥치는 소리를 내며 하늘로 솟구치자 논둑에 앉아 있던 비둘기들이 후루룩 떼를 지어 날아오른다. 한낮의 따뜻한 햇살을 받아 눈이 녹은 둑길 양지쪽 비탈면에는 백로와 왜가리가 운동 경기라도 보는 것처럼 옹기종기

멀리 도비산이 보이는 앞자락 논에 떨어진 낱알을 주워 먹던 큰기러기와 쇠기러기 무리가 자동차 소리에 고개를 들고 경계 자세를 취한다.

  모여 앉았다. 논 둑길에는 녹지 않은 눈이 햇빛에 반짝이고 그 길 먼 곳에 고라니 한 마리가 한가롭게 걷고 있다.

  논과 논 사이를 흐르는 작은 개울에는 얼음낚시를 하는 낚시꾼들이 흩어져 웅크리고 앉아 있다. 물이 얼어서 오리들이 떠난 자리를 꿰찬 낚시꾼의 모습이 또 다른 겨울 풍경을 연출한다. 둑길을 포장하는 한편 농사철에 논물을 대기 위해 개울을 깊게 파서 콘크리트 상자를 만드는 공사장의 포크레인과 덤프트럭에 막힌 길이 열리기를 기다리면서 콘크리트 물길과 포장된 도로가 자연에 대한 간섭은 아닌가 하는 생각을 잠시 한다.

  끝이 보이지 않을 만큼 드넓은 간월호가 얼어 햇살을 반사시키는 바람에 반짝반짝 눈이 부시다. 얼음판 위에는 아무것도 보이지 않고 때때로 갈매기만 한가롭게 오락가락한다. 왼쪽으로 넓은 논 한가운데에 우뚝 솟은 곡식 저장고 옆으로 새까맣게 내려앉은 기러기 무리가 떨어진 볍씨를 먹느라 정신이 없다. 하필이면 가야 하는 길이 기러

기러기 무리가 한꺼번에 날아오르고 있다. 가슴에 검은 줄무늬가 있는 것은 쇠기러기이고, 줄무늬가 없는 것은 큰기러기이다.

기 무리와 가까운 논길이다. 기러기들의 식사 시간을 훼방 놓게 생겨 마음이 편치 않다. 그렇다고 차를 돌릴 만큼 길이 넓지도 않고……. 하는 수 없다. 그저 기러기가 날아가지 않기만을 바랄 뿐. 될 수 있는 한 소리가 나지 않도록 조심조심 자동차를 몬다. "제발 날아가지 마라, 날아가지 마." 일부러 눈길 한 번 주지 않고 먼 산을 보며 천천히 그들에게 다가가는데 내 마음도 모르고 일제히 고개를 든다. 언제든지 도망치겠다는 경계 자세다. 내 바람과는 달리 기러기들 쪽에서는 조용히 지나가는 척하다가 총을 쏘아 대는 불법 사냥꾼과 내가 다를 게 없을 것이다. 가끔 불법 사냥꾼들이 무리 지어 먹이를 먹는 기러기나 오리를 향해 총질을 해대니 차만 보면 놀라 도망가는 것은 너무나 당연한 반응이다. "푸드득, 푸드득!" 결국 일제히 날아오른다. 미안한 마음에 차를 세워 보지만, 젖 먹던 힘까지 다해 박차고 날아오르는 새들의 날갯짓 소리가 나를 꾸짖는 듯하다.

　미안한 마음에 모두가 날아오른 텅 빈 논에서 시선을 떼지 못하는데, 바닥에 덩그러니 놓여 있는 시커먼 물체 하나가 눈에 들어왔다. 숨이 채 끊어지지 않은 흰뺨검둥오리를 발로 짓누르고 있는 참매다. 참매의 날카로운 발톱에서 빠져 나가려고 오리가 버둥거린다. 참매는 논바닥에서 먹이를 먹던 기러기 무리 속에서 순간을 포착해 오리를 사냥했을 것이다. 내가 막 이곳에 다다르는 바로 그 순간에. 기러기 무리 속에 몸을 숨기고 있다가 순식간에 자신의 몸이 훤히 드러나자 참매는 당황한 듯하다. 내 차와 날아가는 기러기 무리를 번갈아 보며 어떻게 해야 할지 망설이는 듯하다.

 물 위에서 노는 오리를 노리는 해미천 버드나무의 참매와는 다르게 너른 들을 영역으로 삼은 이 참매는 논바닥에 꼼짝 않고 앉아 매복하고 있다가 오리를 사냥했다. 전혀 예상하지 못한 매복의 또 다른 모습이다. 겨울 철새를 찍으려 논길을 헤집고 다니다 보면 가끔 논두렁에 앉아 있는 참매를 만날 때가 있다. 그때는 그저 잠깐 쉬는 것이려니 대수롭지 않게 여겼는데 오늘 보니 제 나름의 매복이었던 모양이다. 기러기가 자신이 있는 근처로 먹이를 먹으러 올 때까지 한 시간이 될지 두 시간이 될지 아니면 몇 시간 후가 될지 모르는 채 참매는 한자리에 앉아 끈질기게 기다렸을 것이다. 나뭇가지나 갈대숲에 몸을 숨기는 것만이 매복의 전부가 아니라는 사실을 밝히기라도 하는 것처럼. 기러기는 자신보다 몸집이 작은 참매 정도는 그리 겁내지 않는 것 같다. 나도 참매가 기러기를 직접 사냥하는 모습은 본 적이 없다. 감당하기 힘든 덩치 큰 사냥감을 사냥하지 않아도 손쉽게 먹이를 구할 수 있다는 뜻일 것이다. 기러기는 참매가 앉아 있어도 크게 경계하지 않고 그 주위로 슬슬 모여든다. 보통 기러기는 무리를 지어 먹이를 먹다가도 말똥가리나 흰꼬리수리가 나타나면 부랴부랴 도망가기 바쁜데 참매는 피하지 않고 제 할 일만 하는 모습을 종종 보여 주는 것을 보면 내 생각이 맞는 것 같다. 수천 마리의 기러기 무리 속에 자연스럽게 몸을 감춘 참매는, 먹이를 찾아 기러기 무리 속으로 안심하고 날아드는 오리를 노렸을 것이다. 기러기 무리에 묻혀 매복하

1 기러기도, 오리도 날아가 버린 논바닥에 다 자란 참매 한 마리가 앉아 있다. 배가 부르지 않은 것으로 보아 사냥을 나온 모양이다. 이 또한 매복의 한 방법이다.

2 참매 한 마리가 해미천 바닥에 죽어 있는 기러기를 먹고 있다. 기러기를 먹잇감으로 여기지 않는 것은 아니나 직접 사냥하는 모습을 본 적은 없다.

도움닫기 없이 바로 땅을 차고 날아오르는 기러기는 멀리 이동할 때는 V 자 형태의 대형을 유지하며 질서 있게 날지만 먹이를 찾아 짧게 움직일 때는 질서는커녕 따로따로 어지럽게 날아간다.

고 있는 참매의 존재를 알 턱이 없는 오리들의 허술함을 이용하는 허허실실 전법이라고나 할까?

　참매에게 잡힌 흰뺨검둥오리는 기러기 무리 속에 자신을 노리는 사냥꾼이 숨은 줄도 모르고 제 발로 태연하게 참매 곁으로 슬금슬금 다가갔을 것이다. 무방비 상태로 다가온 흰뺨검둥오리를 참매가 놓칠 리 없다. 크게 움직이지도 않고 순간적으로 덮쳤을 것이고, 참매의 동작이 크지 않으니 기러기들은 개의치 않고 먹이 먹는 데만 집중했을 것이다. 그러나 다가가는 내 차에 놀라 기러기들이 순식간에 자리를 피해 버리자 예상치도 못하게 논바닥의 참매와 둑길 위 차 속의 내가 30여 미터 거리를 두고 대치

하는 꼴이 되었다. 살짝이라도 내가 움직이면 참매는 도망갈 것이 뻔하다. 이 순간에도 '어떻게 하면 이 장면을 찍을 수 있을까?' 머릿속이 복잡하다. 참매를 쳐다보는 시선은 고정시킨 채 기러기를 배려해 닫았던 창문을 어떻게 내려야 할지 고민에 빠졌다. 렌즈가 밖으로 나가려면 무조건 창문은 열어야 한다. 숨소리가 들릴까 싶어 숨도 크게 쉬지 못하면서도 창문을 어떻게 움직여야 할지 고민이다. 모든 새가 그렇듯 참매도 소리보다는 움직임에 민감하다. 하물며 천적인 사람의 움직임은 참매로서는 죽느냐 사느냐 하는 갈림길이 되기에 민감할 수밖에 없을 것이다.

참매는 여전히 버둥대는 흰뺨검둥오리를 발로 누른 채 작은 흔들림도 없이 내 차만

해미천 가에서 죽은 기러기를 먹던 참매가 말똥가리의 기척을 느끼자 날개를 활짝 펼쳐 먹이를 감추고 있다. 둥지의 어린 새끼들에게서도 이런 모습을 볼 수 있는 것으로 보아 먹이에 대한 본능인 것 같다.

주시하고 있다. 찡그린 듯한 눈동자가 매우 신경질적이다. 잔뜩 경계의 눈빛으로 노려보고 있다. 참매를 위해 조용히 떠나야 할지 아니면 쉽게 만날 수 없는 장면이니 사진을 찍어야 할지 머릿속에서 왔다갔다 나 역시 갈림길에 서 있다. 망설임은 잠시, 참매의 사냥 순간을 찍기 위해 겨우내 천수만 일대를 헤매고 있다는 데 생각이 미쳤다. 손이 먼저 나가 차 창문을 내렸다. 분명 유리창이 내려가는 것을 보았을 텐데 꼼짝하지 않는다. 창문을 내렸으니 이제는 카메라 렌즈만 나가면 된다. 참매에게 시선을 준 채 최대한 몸을 천천히 움직여 마치 대포 같이 생긴 600밀리미터 렌즈를 창문 밖으로 살그머니 내밀었다. "제발 도망가지 마라, 사진만 살짝 찍고 갈게!" 어느 누구의 기도가 이만큼 절실할까? 렌즈가 슬금슬금 창밖으로 나가는 순간, 용수철이 튕기듯 훅 날아오른다. 움켜쥐고 있던 사냥감을 버려 둔 채 뒤로 돌아 도망쳐 버린다. 반사적으로 카메라 뷰파인더 속에서 달아나는 참매를 찾았다. 참매가 날아간 쪽으로 렌즈를 휘둘러 보았으나 헛수고다. 전광석화 같은 참매의 날랜 날갯짓이 좁은 뷰파인더 속으로 쉽게 들어올 리가 없다. 사진을 찍겠다는 의지라기보다는 아쉬움에 이어진 의미 없는 순간

개울 위를 낮게 날아 자리를 옮기는 참매가 먹이를 배부르게 먹은 모양이다. 멱 아래 모이주머니가 불룩하다.

동작이었다. 뷰파인더에서 눈을 떼고 참매가 사라진 쪽을 보며 망연자실해 있는데 죽은 줄 알았던 흰뺨검둥오리가 후드득 몸을 털더니 참매가 날아간 반대쪽으로 허겁지겁 달아난다. 뜻하지 않게 참매의 사냥을 훼방 놓은 일이 오리에게는 기사회생의 기회가 되었으니 그나마 다행이다 싶다.

 기러기 떼도 떠나고, 참매도 날아가고, 구사일생한 오리도 도망간 휑한 논바닥을 쳐다보고 있자니 방금 전의 일이 마치 꿈 같았다. 그러나 그런 기막힌 순간을 담아 내지 못한 것은 어처구니가 없었다. 잘 드러내지 않고 숨어서 행동하는 참매의 까다로움을 배려하지 못한 잘못이 컸다. 한동안 자리를 뜨지 못하고 귀한 순간을 놓친 아쉬움을 달래야 했다. 몸을 숨길만 한 장애물 하나 없는 허허벌판에서 기러기 무리 속에 몸을 감추고 허허실실 전법으로 사냥에 성공한 참매의 또 다른 능력이 새삼 경탄스러우면서 자연에서는 당연한 일만 벌어지는 것이 아니라는 사실을 깨닫는 순간이기도 하다. 예민한 참매 눈 앞에서 사진을 찍겠다고 카메라 렌즈를 움직였으니 아무리 생각해도 어리석었다. 벌써 몇 번째인지…….

겨울 철새인 말똥가리가 추위가 한창인 1월 초순에 천수만의 논에서 죽은 기러기를 먹고 있다. 평소 말똥가리는 들쥐를 주로 사냥한다.

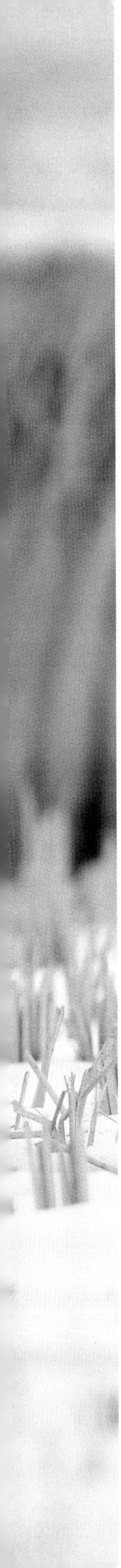

맹금류의 서열, 오직 힘으로 가른다

예민한 참매의 습성을 대수롭지 않게 생각했던 것을 후회도 하고 반성도 했다. 그나마 참매의 새로운 매복 방법을 하나 더 알게 되었으니 다행이라 생각하며 심기일전하여 다시 차를 몰아 드넓은 간월호를 가로지르는 낮은 다리를 건넜다. 주변을 살피며 차를 천천히 몰고 가는데 멀리 떨어진 논에서 멋지게 생긴 말똥가리 한 마리가 죽은 기러기를 먹고 있다. 가끔 죽은 기러기가 논바닥에 버려져 있는데 왜 죽었는지 이유는 알 수 없지만, 틀림없이 다른 동물들의 혹독한 겨울나기에는 큰 보탬이 될 것이다. 말똥가리 녀석도 내 차가 다가서자 언제든 날아오를 듯 자세가 엉거주춤하다. 놀라지 않도록 천천히 차를 세우고 최대한 조심스럽게 사진을 몇 장 찍는다. 힐끗힐끗 눈치는 보면서도 참매처럼 까다롭게 굴며 달아나지는 않는다. 녀석의 편안한 식사를 위해 바로 카메라를 접고 물러났다. 먹이를 먹는 말똥가리의 모습이 뒷거울 back mirror 속에서 멀어져 간다.

멀리 보이는 논두렁길에 핀 억새 위로 잿빛개구리매가 먹이 사냥을 위해 낮게 팔랑

잿빛개구리매천연기념물 제323-6호 수컷이 논두렁 갈대 위를 날며 사냥하고 있다. 이들은 주로 들쥐나 작은 새를 사냥한다.

팔랑 날고 있다. 그리 빨리 나는 것 같지도 않은데 사진 찍기가 여간 까다로운 녀석이 아니다. 비행 동작이 남달라서 이리저리 뒤집어지듯 나는 모습에 만만히 보고 카메라를 들이대고 느긋하게 시간을 끌다가는 사진을 찍을 수 없다. 단단히 집중해야 한다. 그런데 녀석이 반대쪽으로 점점 멀어지는 것을 보면 내 차를 피하는 게 분명하다. 가까이 다가오면 찍을까 해서 차를 멈추었지만 일부러 뒤쫓을 마음은 들지 않는다. 잿빛개구리매는 언제나 낮게 날면서 주위를 힐끗힐끗 경계하는 습성이 있다. 손에 잡힐 듯 낮게 날면서 사냥을 하기 때문에 주변의 움직임을 신경 써서 살피는 것 같다. 그런 녀석을 뒤따라가며 사진을 찍는다는 것은 어리석은 짓이다. 내가 다가가는 만큼 녀석은 그 만큼 더 멀어질 것이 뻔하기 때문이다.

    다시 해미천 초소 쪽으로 천천히 달리는데 하얀 눈으로 덮인 논 한가운데에서 기러기를 먹고 있는 흰꼬리수리가 눈에 들어왔다. 기러기 사체 하나를 가운데 놓고 어린

1 잿빛개구리매 암컷이 갈대숲 속에서 들쥐를 사냥하고 있다.
2 겨울 철새인 잿빛개구리매 암컷이 해미천 위를 낮게 날고 있다. 이 모습을 본 개울 위의 오리들이 우왕좌왕 대피하느라 소동을 피웠으나, 이들이 오리 사냥을 하는 모습은 한 번도 본 적이 없다.

흰꼬리수리 두 마리가 장난이라도 치듯 엎치락뒤치락하면서 먹고 있다. 해마다 우리나라를 찾아와 겨울을 지내는 흰꼬리수리는 중국 동북부나 시베리아에서 새끼를 키운다. 참매보다 몸무게가 5~6배 무겁고 크기도 1.5배 이상 크기 때문인지 참매의 주요 사냥 대상인 오리보다는 상대적으로 순간 동작이 느린 기러기를 주로 사냥한다. 탁 트인 넓은 장소에서 사냥감을 공격하고, 상대할 만한 적이 거의 없다 보니 참매처럼 주변 경계가 까다롭지 않고 대범함이 있어 가까이 다가가기가 한결 쉽다. 참매의 사냥 모습을 놓친 아쉬움을 달래기에 적당하다. 이번에는 실수가 없어야 한다.

처음 가까이 다가설 때부터 경계심을 갖지 않도록 조심해야 한다. 50~60미터 거리까지 다가가 본다. 이 정도로는 쳐다보지도 않는다. 잠깐 사이를 두었다가 두 녀석이 서로 희롱이라도 하듯 펄쩍펄쩍 뛰노는 틈을 타서 10여 미터 더 다가간다. 차가 움직이자 쳐다본다. 얼른 차를 멈추고 흰꼬리수리의 처분만 기다린다. 두 녀석 모두 힐끗 쳐다보더니 별다른 움직임이 없자 다시 먹이를 먹기 시작한다. 그 틈에 또 10여 미터 앞으로 나아간다. 이제 흰꼬리수리와는 약 30여 미터. 차를 세웠으나 두 녀석은 한참을 쳐다본다. 카메라 렌즈를 꺼내 놓지도 못했는데 달아날까 봐 덩달아 나도 옴짝달싹할 수 없다. 녀석들과 '무궁화 꽃이 피었습니다' 놀이를 하는 것 같다는 생각에 피식 웃음이 나온다. 서산으로 기우는 햇살이 따갑게 차창을 밀고 들어온다. 눈치를 보며 슬쩍 창문을 내린다. 내린 창문 밖으로 렌즈를 내밀고는 꼼짝도 하지 않는다. 차를 힐끗 쳐다보더니 흰꼬리수리가 기러기에게서 한 발 물러선다. 나도 차의 시동을 끈다. 서로 눈치를 살피는데 녀석들 중 한 놈이 다시 먹이 위로 훌쩍 뛰어오르자 다른 녀석도 주춤주춤 다가선다. 그 사이 다시 10여 미터 전진한다. 이제 거리는 불과 20여 미터. 카메라 뷰파인더가 두 마리의 흰꼬리수리로 가득 찼다. 이제 더 다가서면 안 된다. 흰꼬리수리가 먹이인 기러기에게서 슬쩍 물러나며 다시 나를 경계한다. 덩달아 나는 다시 부동자세. 흰 눈이 햇빛에 반사되어 눈이 부시다. 지금 막 사냥한 것인지 기러기는 아직 신선해 보인다. 두 마리는 어떤 사이이기에 먹이를 앞에 놓고도 저리 사이가 좋은 것일까? 1~2년생쯤으로 아직 어려 보이는 녀석들은 한배를 빌려 태어난 형제일 가능성이 높다. 마주보며 나와 흰꼬리수리들 사이에 보이지 않는 치열한 신경전이 벌어진다. 흰꼬리수리는 내 차가 더 다가올까 경계하고, 나는 나대로 녀석들이 도망갈까 조바심이 났다. 긴장도 잠시, 움직이지 않고 조용히 기다리는 나를 힐끔거리면서도 먹이의 유혹을 뿌리치지 못하고 앞다투어 먹이로 날아든다. 내 생각대로 사진찍기 좋은 거리까지 다가서는 데 성공!!

대범한 녀석들이라고는 해도 흰꼬리수리가 먹이 먹는 모습을 이렇게 가까이에서 생생하게 보고 사진까지 찍기는 처음이다. 한 녀석이 기러기를 발로 쥐고 뜯어 먹으면 다른 녀석은 방해하지 않고 옆에서 지켜본다. 사이좋은 형제도 서열은 있기 마련이다. 먼저 먹이를 먹던 녀석이 장난치듯 훌쩍 뛰어 옆으로 비켜서면, 기다리고 있던 녀석이 눈치를 보며 잽싸게 먹이를 움켜쥔다. 먼저 먹던 녀석이 별다른 반응 없이 쳐다만 보자 그때서야 먹이를 먹기 시작한다. 그러나 서열이 위인 앞서 먹이를 먹던 녀석이 다시 먹이에 관심을 보이거나 위협을 하면 나중에 먹이를 차지한 녀석은 못 이기는 체 옆으로 물러난다. 먹이를 사이에 두고 심하게 다투는 일 없이 자연스럽게 엎치락뒤치락하며 나눠 먹는다. 힘을 바탕으로 하는 서열이 엄연한 자연의 질서다. 맹금류는 물론이고 대부분의 새들이 이와 비슷한 질서 속에서 서열이 정해진다. 어미에게서 먹이를 받아먹는 둥지에서는 형제들끼리 특별히 다툴 필요가 없음에도 자라면서는 먹이를 먼저 받아먹으려는 본능이 앞서 형제끼리도 다투게 되어 자연스레 서로 힘을 겨루게 된다.

2010년 참매 둥지를 관찰할 때에 마침 그곳에서 멀지 않은 건너편 산 중턱에는 여름

1 천연기념물이자 멸종위기종 1급인 흰꼬리수리 어린 두 녀석이 엎치락뒤치락하며 먹이를 나눠먹고 있다. 서열은 먹이를 발에 쥐고 있는 녀석이 아래이고 왼쪽 녀석이 위 같은데, 서열이 높은 녀석이 낮은 녀석에게 먹이를 주었다 빼앗기를 반복하며 장난치는 듯 보인다.

2 서열이 위인 녀석이 먹이 쪽으로 달려들면 서열이 낮은 녀석은 풀쩍 뛰어오르며 먹이에서 물러난다.

3 서열이 높은 녀석(왼쪽)이 물러나자 서열이 낮은 녀석이 먹이를 쥐고는 내 차를 경계하고 있다. 옆에서 호시탐탐 부스러기를 노리던 까마귀가 겁도 없이 흰꼬리수리의 꼬리깃을 물고 늘어지려는 자세를 취하고 있다.

4 잠시 후 서열이 위인 녀석이 훌쩍 먹이에 달려들자 서열이 아래인 녀석은 냉큼 먹이를 놓고 한 쪽으로 풀쩍 물러난다. 그 동작에 까마귀들이 놀랐다.

5 서열이 높은 녀석이 먹이 먹는 모습을 낮은 녀석이 물끄러미 바라보고 있다.

1	3
2	4
	5

1 아비 왕새매(오른쪽 위)가 새끼들에게 먹일 뱀을 잡아와 어미(왼쪽)에게 넘겨주고는 주위를 경계하고 있다. 새끼들이 먹이를 물고 있는 어미에게 달려들고 있다.
2 알에서 깨어난 지 24일째인 왕새매 새끼들은 한창 갈색 깃털로 털갈이를 하는 중인데 머리 부분에만 아직 하얀 솜털이 남아 있다. 한 녀석이 커다란 뱀을 통째로 삼키는 것을 옆에서 다른 녀석이 혹시라도 놓치면 빼앗으려 기회를 엿보고 있다.

철새인 왕새매가 새끼 세 마리를 키우고 있었다. 그들도 참매처럼 암컷은 새끼를 돌보고 수컷은 먹이를 잡아왔다. 참매의 먹이와는 다르게 먹잇감의 크기가 작아 수컷이 둥지를 드나드는 횟수가 참매보다 훨씬 많았다. 참매는 오전에 한 번, 오후에 한 번으로 하루에 두 번쯤 먹이를 사냥해 오지만 왕새매는 거의 한 시간 간격으로 먹이를 잡아왔다. 참매 수컷이 멧비둘기, 지빠귀, 다람쥐, 청설모, 어치 등을 주로 물고 오는 데 비해 왕새매는 대부분 뱀, 두더지, 개구리, 작은 새, 곤충을 가져왔다. 왕새매 새끼들도 하얀 깃털이 보송보송한 어린 시기에는 어미가 찢어 주는 먹이를 받아먹었다. 어미 왕새매는 뱀의 머리 쪽은 찢어 먹이다가도 새끼가 삼킬 만큼 크기가 줄어들면 꼬리 부분은 통째로 건네주기도 했다. 꼬리를 받은 새끼들은 날름 삼켜 버렸다.

왕새매의 어미도 새끼가 알에서 깨어난 지 20일이 지나면 주로 둥지 밖에서 지낸다.

1 왕새매 수컷이 뱀 한 마리를 산 채로 잡아 둥지로 들어오고 있다. 알에서 깨어난 지 30일째인 왕새매 새끼들은 하얀 깃털이 거의 다 빠지고 갈색 깃털로 털갈이를 마무리하는 중이라 제법 의젓하다. 아비가 잡아온 뱀은 새끼 가운데 힘이 제일 센 녀석이 통째로 삼킨다. 살아 있는 뱀을 잡아 오는 것은 아마도 사냥 연습을 겸한 것 같다.
2 왕새매 새끼들이 줄다리기라도 하듯 뱀 한 마리를 양쪽에서 물고 팽팽하게 끌어당기고 있다. 이들은 참매와는 달리 누군가 먼저 차지한 먹이를 힘으로 빼앗기도 하는데, 먹이를 빼앗겼다고 상대의 몸을 직접 공격하지는 않는다. 사진에서는 뱀의 머리 쪽을 물고 있는 녀석이 힘도 세고 서열도 높다.

이 무렵에는 수컷이 잡아온 먹이를 둥지에 던져 주면 새끼들이 서로 먼저 차지하겠다고 다투는 바람에 둥지 안은 난장판이 되었다. 서로 정신없이 다투다가도 누군가 먹이를 차지하면 자연스럽게 소란은 가라앉았다. 먹이를 차지하지 못한 녀석들이 뒤로 돌아 못 본 척 딴청을 부리기 때문이다. 한번은 새끼들의 사냥 본능을 일깨워 주려는지 수컷이 살아서 꿈틀대는 뱀을 가져왔다. 형제 중 가장 힘이 센 녀석이 머리 쪽을 물고 날개를 좌우로 활짝 펴서 감췄다. 기운이 딸린 것인지 잠시 후 뱀 꼬리가 날개 밖으로 스멀스멀 기어 나오자 옆에 있던 다른 녀석이 냉큼 뱀 꼬리를 물고 늘어졌다. 이때는 형, 동생이 아니라 힘이 우선한다. 왕새매 새끼들은 뱀을 머리 쪽부터 삼킨다. 어미가 언제나 머리 쪽부터 내밀었기 때문에 자연스럽게 배운 게 아닐까 싶다. 힘이 세고 서열이 높은 녀석이 머리 쪽을 물고 있어 힘을 쓰는 데 유리하기도 하지만 역시 힘이 센

1 여름 철새인 붉은배새매천연기념물 제323-2호가 벼가 한창 자라는 논 옆에 있는 밤나무에 둥지를 틀고 새끼를 기르고 있다. 이들은 홍채의 색으로 암 컷과 수컷을 구분하기도 하는데 먹이를 찢고 있는 것이 노란색 홍채를 가진 암컷(오른쪽)이고 왼쪽은 홍채가 암갈색인 수컷이다.

2 알에서 깨어난 지 18일된 붉은배새매 새끼 세 마리가 먹이인 개구리의 다리를 하나씩 물고 서로 먹겠다고 실랑이를 하고 있다. 아직 서열이 결정되 지 않은 때문으로 이러한 힘겨루기를 통해 자연스럽게 서열을 가린다.

녀석이 먹이를 대부분 차지했다. 한창 자라는 새끼들이라 서열이 명확히 정해지지는 않은 것 같았다. 먹이를 차지하려는 다툼이 언제나 격하고 치열했다. 이런 힘겨루기 과정을 거치면서 자연스럽게 서열이 정해졌다.

여름 철새 중 새끼들에게 개구리를 많이 먹이는 붉은배새매가 참매보다 한 달가량 늦게 새끼를 키운다. 이들은 깊은 산속에 둥지를 만들지 않고 확 트인 들에 붙어 있는 산자락에 자라는 참나무, 밤나무, 소나무 등에 둥지를 틀어 새끼를 키운다. 이들의 새끼 역시 힘이 센 녀석이 먹이를 차지하고는 참매처럼 뒤로 돌아서 먹이를 날개 속에 감춘다. 만약 먹이를 감싸지 못하고 형제들이 보는 앞에서 먹이를 물고 있는 실수를 하게 되면 보고 있던 형제들이 '이때다' 하고 먹이를 물고 늘어진다. 이들 역시 결국에는 힘이 제일 센 녀석이 먹이를 차지하게 된다

먹이의 종류에 따라 다툼의 모습은 다르지만 힘겨루기를 통해서 자연스럽게 서열이 정해지는 것은 비슷한 것 같다. 이때에는 어미들도 새끼들의 먹이 경쟁에 끼어들지 않고 지켜만 보는데, 이는 야생에서 살아남을 수 있는 본능을 일깨워 주기 위한 것 같다.

태어나는 순간, 서열 경쟁은 시작된다

남아공 월드컵이 한창일 때였으니 2010년 6월이었을 것이다. 나는 남한강이 내려다보이는 강원도 어느 시골 마을 뒷산에서 참매 둥지를 관찰하며 사진을 찍고 있었다. 둥지에는 이미 알에서 깨어난 지 30일된 새끼 세 마리가 있었다. 짙은 갈색의 날개깃이 제법 보라매^{부화한 지 1년 미만으로 갈색 깃털을 가진 참매}의 티를 내고 있었고 식욕도 왕성해져 둥지

밖에 있는 어미에게 먹이를 달라고 "삐이익, 삐이익" 졸라 댔다. 이 무렵 어미 참매가 하는 일이라고는 둥지 밖에서 새끼들을 지키며 시간을 보내다가 수컷이 먹이를 사냥해 오면 찢어서 새끼들에게 먹이는 것뿐이었다. 처음 참매 둥지를 발견한 2006년 이후 벌써 6년째 한 해도 거르지 않고 매년 다른 참매 둥지를 찾아 관찰하고 있는데 새끼 키우는 모습은 비슷비슷했다.

1 알에서 깨어난 지 30일된 참매들이 둥지 위의 나뭇가지로 팔짝 뛰어올랐다 뛰어내리기를 반복하면서 아비 참매가 먹이를 가져오길 기다리고 있다. 한나절이 지나도록 소식이 없자 "끼아악, 끼아악" 소리를 지르며 어미에게 먹이를 보챈다.
2 아비 참매가 던져 놓고 간 먹이를 둘러싸고 삼 형제 간에 치열한 먹이 다툼이 벌어진다.
3 먹이를 차지한 녀석이 다른 녀석들이 넘보지 못하도록 날개를 활짝 펴서 먹이를 감추고 있다. 그럼에도 옆의 녀석들은 호시탐탐 틈이 보이길 노린다.

	2	
1	3	

알에서 깨어난 지 38일쯤 지나면 새끼들 사이에는 서서히 서열이 정해진다. 서열이 높은 녀석이 먹이를 차지하고 먼저 먹으면 나머지 녀석들은 물러나서 눈치를 보며 먹이를 가로챌 틈을 노린다.

    이날도 둥지의 새끼들은 날갯짓도 하고, 천방지축 이리 뛰고 저리 뛰며 놀고 있었다. 다른 형제의 날갯짓을 구경하며 갸우뚱 고갯짓을 하거나 신기한 듯 따라 하기도 하면서 마치 아이들처럼 놀다가도 배가 고프면 둥지 밖의 어미를 향하여 먹이를 달라고 보챘다. 그때 소리도 없이 어미 대신 아비가 먹이를 움켜쥔 채 둥지로 훌쩍 날아들었다. 둥지 근처에 어미가 없었던 모양이다. 아비는 어미보다 몸집이 작고 날렵해서 쉽게 구분이 된다. 5년 동안 참매 둥지를 찍으면서 수컷이 먹이를 찢어 새끼에게 먹이는 모습은 단 한 번도 본 적이 없어 혹시나 하는 기대감에 렌즈를 디밀었는데 먹잇감을 던지다시피 둥지에 내려놓고는 도망치듯 잽싸게 날아갔다. 어찌 보면 먹이를 보고 달려드는 덩치 큰 새끼들의 발톱에 혹시 다치기라도 할까 봐 염려하는 것처럼 보였다. 아니나 다를까 세 녀석이 한꺼번에 달려들어 서로 먹겠다고 소리를 지르면서 날개를 퍼덕이며 다투는 통에 둥지는 난장판으로 변했다. 한 덩어리로 엉겨서 날개를 퍼덕

1	
2	3

1 참매가 둥지를 떠날 때쯤 되면 어미는 먹이를 찢어 주기는커녕 깃털도 뽑지 않은 통째로 새끼들에게 던져 준다. 아마도 스스로 먹이 먹는 훈련을 시키는 것 같다.

2 어미는 가끔 둥지로 들어와서 혼자서도 먹이를 찢어 먹을 수 있을 만큼 자란 새끼들에게 새삼스레 먹이를 먹여 주기도 한다. 아마도 먹이 다루는 시범을 보이는 것이 아닐까 생각된다. 신기하게도 스스로 먹이를 잘 먹던 새끼들도 어미가 주는 먹이는 어렸을 때처럼 얌전히 받아먹는다. 참매 새끼가 어미에게 먹이를 받아먹는 모습을 다른 두 녀석이 공부라도 하는 듯 유심히 쳐다보고 있다.

3 어미가 먹이를 열심히 나눠 먹이고 있는데 한 녀석이 혼자서도 먹을 수 있다는 듯 먹잇감을 들어 보이며 딴청을 피운다.

이며 아우성치던 새끼들 중 두 마리가 날개를 접고 머쓱한 몸짓으로 등을 돌리는데, 덩치가 제일 큰 녀석만 여전히 날개를 좌우로 활짝 펴고 앉아서 날카롭게 소리를 질렀다. 역시 발에 먹잇감을 움켜쥐고 있었다. "꺄아악, 꺄아악!" 뒤돌아 앉아 찢어질 것 같은 경계 소리를 지르며 활짝 펼친 날개로 먹이를 감춘 몸짓에서 '내 것을 절대 넘보지 말라'는 강력한 경고 의지가 뿜어져 나왔다. 먹이 다툼에서 진 두 녀석이 멀찍이 물러나고 나서야 녀석은 느긋한 몸짓으로 먹이를 찢어 먹기 시작했다. 물론 물러난 두 녀석에 대한 경계를 늦추지는 않았다.

새끼들은 다 자랄 때까지 어미가 먹이를 찢어 주면 주는 대로 얌전히 받아먹지만, 이 정도 자랐을 때에는 어미가 없으면 스스로 먹이를 뜯어 먹기도 한다. 알에서 깨어난 지 38일쯤 되면 형제끼리 서로의 힘을 가늠하게 되는데 보통 힘이 세고 덩치가 커서 먹이를 먼저 차지하는 녀석이 자연스럽게 서열 1위가 된다. 서열이 낮은 두 녀석은 애써 먹이 먹는 모습을 외면하면서도 서열 1위의 동작 하나하나를 놓치지 않고 힐끗거리며 살폈다. 빈틈을 노리는 것이다. 그 와중에 둥지 밖의 어미를 향해서 배고프다고 소리 지르는 것도 잊지 않았다. 그러거나 말거나 서열 1위의 어린새는 누가 빼앗기라도 하는지 허겁지겁 먹이를 뜯어먹으면서도 경계를 늦추지 않았다. 먹이 한 번 먹고 고개 들어 주위를 한 번 둘러보기를 되풀이했다. 정신없이 먹이를 먹던 서열 1위의 동작이 점점 느려지더니 이내 시큰둥하게 먹이를 내려다보며 동작을 멈췄다. 모이주머니가 테니스공만큼 불룩해졌다. 배가 찼다는 뜻이다.

멀찍이 떨어져서 자신의 눈치를 살피는 두 녀석을 멀뚱히 쳐다보는데, 그 표정이 이제 배가 불러서 더 먹기는 싫은데 그렇다고 녀석들에게 넘겨주기는 아깝다는 것 같았다. 그 모습을 쳐다보던 두 녀석 중 덩치가 작은 녀석이 슬금슬금 뒷걸음질을 치며 서열 1위의 가슴 쪽으로 다가섰다. 등을 보이며 다가서는 녀석을 발로 내리찍거나 부리

알에서 깨어난 지 38일 된 어린 참매들이 먹이를 다투고 있다. 키가 훨씬 큰 녀석(왼쪽)이 먹던 먹이를 덩치가 작은 녀석(오른쪽)이 차지하려고 뒷걸음질로 파고들며 등으로 밀어내고 있다. 결국 먹을 만큼 먹은 덩치 큰 녀석이 못 이기는 체 양보하고 물러났다.

아직 먹이를 찢어 먹을 줄 모르는 9일 남짓 된 어린 참매 녀석들이 먹이를 입에 물고 끌어당기는 정도의 힘겨루기를 하고 있다. 어린 새끼들의 다툼에도 어미는 전혀 참견하지 않는다.

로 쪼아 댈 법도 한데 덩치 작은 녀석이 하는 양을 멀거니 바라보고만 있었다. 어떻게 하나 두고 보자는 표정이다. 등을 보이며 다가서던 덩치 작은 녀석이 서열 1위의 가슴을 등으로 밀어냈다. 서열 1위는 발에서 먹이를 놓치지 않으려고 버텨 보지만 작은 녀석의 공세에 기우뚱 뒤로 밀렸다. 그 틈을 노려 작은 녀석의 발가락이 서열 1위의 발을 덮쳐눌렀다. 두 녀석의 입에서 날카로운 소리가 어지럽게 튀어나왔다. 한 녀석은 어림도 없다는 듯이 꾸짖는 것 같았고, 다른 녀석은 이제 그만 양보해 먹이를 달라고 보채는 것 같았다. 양보는 없다는 듯 사뭇 분위기가 험악했다. 먹이 다툼에서 밀렸던 또 다른 녀석은 한 쪽으로 물러서 딴청을 부렸다. 기우뚱거리며 한참을 버티던 서열 1위 녀석이 마지못해 먹이를 놓고 뒤로 물러났다. 혹시 난투극이라도 벌어질까 내심 기대했지만 예상보다 싱겁게 끝이 났다.

　덩치가 작은 녀석은 다른 형제보다 하루 먼저 알에서 깨어난 수컷인데, 날이 갈수록 암컷 동생들에게 밀리더니 이제는 덩치까지 추월당해 오빠이면서도 힘으로는 동생들에게 꼼짝을 못했다. 먼저 태어났지만 서열 싸움에서 완전히 밀린 것이다. 먹이를 차지한 덩치 작은 수컷은 서열 1위가 그랬던 것처럼 먹이를 먹으면서도 두 녀석을 경계하느라 바빴다. 서열은 태어난 순서가 아니라 힘이 우선한다. 서열 다툼을 할 때는 어미도 관여하지 않고 모른 체 한다. 어미 새가 되어 짝을 이룰 때에도 덩치가 큰 암컷이 수컷을 거느린다. 자연의 질서는 힘이 곧 서열이다.

한겨울임에도 춥지 않아서인지 아침이면 안개가 자주 끼었다. 물안개와 뒤섞인 짙은 안개 때문인지 오전 9시가 다 되도록 개울 건너편이 잘 보이지 않는다. 큰고니들은 여전히 머리를 등에 얹고 늦잠에 빠져 있다.

야생에 정해진 규칙이란 없다

며칠 후, 휘영청 밝은 달로 한낮 같은 새벽에 눈을 떴다. 하늘에는 별이 총총하고 달은 여물 대로 여물어 둥글다. 며칠이면 참매가 사냥하는 모습을 찍을 수 있을 것이라 생각했는데 벌써 한 달 가까운 시간이 흘렀다. 처음에는 참매의 사냥 버릇을 알아 가는 데 시간을 보냈고 그 뒤에는 사냥터에서 일어나는 예기치 못한 일들로 참매가 사냥을 포기하는 모습만 지켜보며 하릴없이 시간을 보냈다. 한 일주일은 해미천의 큰고니를 찍으러 온 사진가들 때문에 사냥 버릇이 바뀐 참매의 습성을 파악하느라 또 사냥 순간을 놓친 채 시간이 흘렀다. 자연이란 이렇듯 드러나거나 드러나지 않거나 서로에게 영향을 끼치고 간섭을 하며 더불어 살아가는 삶의 공간이 아니던가! 상황이 그렇게 흐를수록 기어이 참매의 사냥 순간을 찍고야 말겠다는 각오만이 새롭다. 그러나 한 달이라는 결코 짧지 않은 시간이 흐르다 보니 이러다가 이번 겨울에는 사냥감을 낚아채는 결정적인 순간을 찍지 못하는 것이 아닐까? 하는 마음에 하루하루 초조해진다. 사진이라 하면 산 사진 10년에, 새 사진을 10년 넘게 찍었는데 한 달이 지나도록 참매의

짙은 안개 때문에 오리들도 멀리 날지 못하고 개울 아래쪽에서 조금 위쪽으로 겨우 자리만 옮길 뿐이다. 겨울이면 해미천의 따뜻한 물이 쉽게 물안개를 피워 올려 생각지도 않은 안개를 만나는 날이 많다.

사냥 순간은 한 컷도 찍지 못했으니 영 체면이 말이 아니다. 해미천 초소의 송 선생마저 "아내가 '박 선생, 프로 맞아요? 어떻게 한 달이 지나도록 못 찍어요. 나라도 찍었겠소!' 하고 농담을 한다."며 놀리는 통에 죽을 맛이다. 나 스스로도 그런 말 듣게 생겼다는 생각이 드니 더더욱 창피스럽고 부끄럽다.

알싸한 새벽 공기를 맞으며 해미천으로 달려가면서 각오를 새롭게 다진다. 날씨도 좋고 느낌도 잘 될 것 같아 가속페달을 깊게 밟는다. 정작 해미천으로 들어서니 안개가 자욱하게 깔려 앞이 보이질 않는다. 안개 속에서도 기러기와 오리들의 소리가 뒤섞여 소란스럽다. 날은 밝았지만 안개 때문에 해미천 건너편이 전혀 보이지 않는다. 참매가 사냥하러 나왔을지 몹시 궁금하지만 보이지 않으니 참으로 답답한 노릇이다. 안개 속에서 어림잡아 멈춘 곳이 과연 참매가 사냥하러 종종 나타났던 장소인지조차 확신이 없다. 불안한 마음으로 안개가 걷히기만을 기다린다. 이제 곧 해가 떠오를 것이다. 안개 때문에 보이지는 않지만 바로 앞에서 큰고니 소리가 들린다. 이제 해미천은 아침 맞을 준비가 다 된 것 같은데, 여전히 건너편 버드나무는 보이지 않고 안개 속에서 참매는 오는지 가는지 알 길이 없다. 짙은 안개 때문에 아침 해는 빛을 잃어 둥근 달처럼 보인다. 그림처럼 그 위로 기러기 떼가 새까맣게 날아오른다. 안개 때문에 잘 보이지도 않는데 어떻게 먹이를 찾아가는 것인지……. 그러고 보니 짙은 안개 속에서도 오리들은 해미천을 잘도 찾아왔다. 참매도 기러기나 오리처럼 안개 속에서도 사냥터를 잘 찾아왔을 것이다.

햇살을 받은 안개가 서서히 엷어지기 시작하며 조금씩 앞이 보인다. 멀리서부터 점점 다가오는 자동차 소리가 들렸다. 매일 같은 시간에 나타나는 건설회사 직원이다. 근 한 달 동안 하루도 빠지지 않고 근처 해미천의 도로 확장 공사장에 일하러 나오고 있다. 초소의 송 선생을 통해 인사를 나누었는데 지긋한 나이에 후덕해 보이는 분으로, 공사장의 작업반장이라고 했다. 그를 만날 때마다 그 회사 사장님은 참 복도 많다는 생각이 들었다. 누가 보거나 말거나, 눈이 오나 비가 오나 늘 한결같이 자신이 맡은 일을 묵묵히 성실하게 해내는 아름다운 직원이 있으니 말이다. 처음 인사를 나눌 때 그분은 자기보다 먼저 해미천에 나와 있는 내가 뭐 하는 사람인지 무척 궁금했었다고 말했다. 인사를 한 후로는 차를 잠깐씩 멈추고 꼭 인사를 건네곤 했는데 오늘은 어쩐 일인지 선뜻 돌아서지를 않고 주춤거리더니 "해미천 사진을 한 장 얻을 수 없느냐?"고 묻는다. 그야말로 난감하기 짝이 없는 순간이다. 지난날 산 사진을 찍을 때에도 종종 이런 부탁을 받곤 했었다. 사진에 따라서는 몇 년이 걸려 겨우 순간을 잡은 것도 있는데 대수롭지 않게 그냥 얻고자 할 때가 늘 난감했다. 오해 사지 않도록 거절하는 방법을 찾아 고민 아닌 고민을 할 때가 많았다. 산 사진은 필름으로 찍는다는 것을 또 어떻게 알았는지 필름을 빌려 주면 직접 인화하겠다고 하는 이도 있어 아연실색하게 했다. 내 노고는 고사하고 작품이 드물어서 귀하다는 사실을 모르는 사람이 많다는 것을 알면서도 야속할 때가 한두 번이 아니었다. 그렇다고 친분을 핑계로 작품을 그냥 얻으려는 이들에게 대놓고 "내 작품은 얼마예요!"라고 말하면 매정한 것 같아 망설여지곤 했다. 그런데 느닷없이 또 그런 일을 당하고 보니 참으로 당황스럽다. 막상 어렵게 말을 꺼내 놓고 미안하다는 표정을 짓고 있는 그분의 얼굴을 보고 있자니 거절할 수가 없어 잠시 망설이다 선선히 승낙을 하고 만다. 그 후 해미천의 아침 모습을 몇 점 골라 사진으로 만들어 보냈다. 참매의 사냥 순간이었더라면 더 좋았을 텐데 하는 아쉬운 마음이 들었다.

오전 7시 50분. 이제 참매가 나타날 때가 되었는데 안개는 아직 덜 걷혔다. 개울물이 빛을 받더니 이제는 물안개까지 스멀스멀 피어오른다. 높이 떠 있는 안개와 피어오르는 물안개가 뒤엉키며 햇빛에 붉게 타오른다. 그 속의 오리와 큰고니들은 마치 온천욕

이라도 하는 것 같다. 건너편의 버드나무가 서서히 제 모습을 드러낸다. 아직도 나무 뒤쪽의 모습은 알아보기 힘들어 참매가 나타난다고 해도 확인할 수 없는 상황이다. 근처에 오리가 많이 모여 있는 것을 보면 안개 속에서도 사진 찍을 자리는 제대로 찾아 멈춘 듯하다. 자리를 바꾸지 않아도 되니 이제 안개가 걷히고 참매만 나타나면 된다. 왠지 오늘은 원하는 순간을 찍을 수 있을 것 같은 느낌이다. 해미천 초소가 어슴푸레 보인다. 초소 뒤로 보이는 새로 만든 콘크리트 다리 위로 차 한 대가 올라선다. 해미천

짙은 안개를 뚫고 해가 이제 막 동쪽으로 떠오르는데, 늦잠을 자던 큰고니 한 무리가 무엇에 놀랐는지 일제히 고개를 들고 긴장해서 주변을 살피고 있다.

의 해돋이를 찍는 분이다. 주로 겨울 철새와 해돋이 풍경을 찍는데, 절대로 차에서 내리지 않는다. 사람이 다가가면 철새가 놀라 달아나는데 그 모습은 자연스럽지 못하다는 것을 잘 알고 있는 분 같다. 인사를 나누지는 않았지만 철새를 배려하는 마음이 읽혀 만날 때마다 기분이 좋다. 그분의 차가 내 옆을 조심조심 지나갔다. 창문에 짙은 선팅을 해서 얼굴은 보이지 않는다. 사진 찍는 것을 방해하지 않으려는 듯 꽤 멀리까지 달린다. 배려해 주는 마음씨가 고마워 기회가 되면 인사를 해야겠다고 마음먹는다.

눈이 살짝 뿌린 겨울 아침에 노랑부리저어새천연기념물 제205호 한 무리가 오리들이 모여 앉은 곳으로 날아들고 있다. 해미천에는 매년 겨울 노랑부리저어새가 찾아온다.

안개 때문인지 사냥을 위한 참매의 매복 시간도 덩달아 늦어지는 것 같다. 9시가 지나서야 하늘이 파랗게 열렸다. 물 건너 버드나무 뒤로 바둑판 같은 논두렁이 보이고, 공군 비행장의 울타리가 기다랗게 펼쳐져 있다. 아침부터 기러기 떼가 다가오지 못하게 겁을 주는 딱총 소리가 "뻥, 뻥" 울린다. 전투기들이 훈련 비행을 준비하는 모양이다. 요란한 전투기 소리는 생각만 해도 괴롭다.

물안개가 걷히고 안개도 햇빛에 녹아 아지랑이로 변할 즈음, 기다리던 참매 어미 새가 건너 논두렁 위를 낮게 날아 버드나무에 슬쩍 올라앉았다. 언제나 그렇듯 참매가 등장하는 순간 내 심장은 콩닥콩닥 뛴다. 만날 때마다 번번이 흥분되고 긴장이 된다.

깊게 숨을 내쉬며 카메라 렌즈를 차창 밖으로 내밀고 뷰파인더 속에서 참매를 찾아낸다. 이제부터 녀석을 놓치면 안 된다. 참매는 불쑥 사냥을 하기 때문에 사냥 순간을 예측할 수가 없다. 늘 참매가 움직인 후에야 뒤늦게 알아채게 되므로 나에게 불리한 상황이다. 참매가 움직이는 때가 언제일지 모르니 잠깐이라도 한눈을 팔다간 오리를 덮치는 순간을 놓치거나 뒤늦게 따라가며 사진을 찍게 될지도 모른다. 그러니 자세가 불편해도 뷰파인더에 시선을 고정시킨 채 참매의 움직임을 주시해야 한다. 말 그대로 참매와의 길고 긴 버티기 한판이 시작되는 것이다.

참매는 앉은 자세를 바꾸지 않을 뿐 고개를 이리저리 돌리기도 하고 물 아래 오리를 노려보거나 가끔은 느긋하게 깃털을 다듬는 등 여유로운 데 비해 내 눈길은 잔뜩 긴장한 채 녀석에게 고정되어 있다. 이 순간에는 잠깐의 한눈도 허락되지 않는다. 눈을 깜빡거리는 것조차 조심스럽다. 전화도 물론 받으면 안 된다. 걸려 온 전화를 아무 생각 없이 받았다가 결정적인 순간을 놓친 적이 한두 번이 아니었다. 그러니 다른 철새들이 아무리 멋진 광경을 눈앞에서 연출해도 참매에게 맞추어 놓은 렌즈를 돌릴 수 없다.

어! 참매 어미 새가 매복 중인 나무에서 30여 미터쯤 떨어진 버드나무에 어린 참매 한 마리가 소리 없이 날아와 앉는다. 흔히 보라매라고 부르는 태어난 지 1년쯤 되어 보이는 녀석이다. 겁도 없이 어미 새의 영역을 넘보다니……. 제 영역을 침범한 어린 녀석을 참매 어미 새가 어떻게 대할지 자못 궁금해진다. 두 녀석을 번갈아 보느라 나만 바쁘다. 괜한 긴장감이 감돈다. 어느 한곳만 집중해 볼 수가 없으니 마음이 조급해지는 나와는 달리 참매 어미 새는 느긋하다. 별다른 움직임 없이 어린 참매를 못 본 척한다. 지레 모른 척하는 것 같은데 그렇다고 딱히 쫓아낼 생각도 없어 보인다. 자신들을 사냥하기 위한 사냥꾼들의 매복을 아는지 모르는지 그 아래 개울에서는 오리들이

보라매 한 마리가 어미도 없이 혼자 나타나 개울가 나무 위에 앉아서 사냥할 때를 노리고 있다. 어미에게서 배운 것인지 나무의 윗가지가 아니라 개울물 가까운 쪽인 낮은 곳에 앉아 매복하고 있다.

유유자적 한가롭다.

　참매 어미 새가 움직일 환경은 무르익었다. 생각지도 않은 뜻밖의 일만 일어나지 않는다면 사냥을 할 것 같은데……. 입술은 바짝바짝 타들어 가고, 속절없이 시간만 흐른다. 참매 어미 새는 사냥할 뜻이 있는지 없는지 꼼짝 않고 자리를 지키고 앉았다. "끼아악, 끼아악" 참다못한 보라매가 소리를 지른다. 순식간에 고요하던 분위기가 산산조각 났다. 날카롭지만 왠지 애절한 울음소리다. 녀석은 참매 어미 새를 쳐다보며 되풀이해서 운다. 배가 고프니 먹이를 달라고 보채는 것 같다. 둥지에서 참매 새끼들이 어미를 찾으며 울던 소리와 똑같다.

보라매, 아직 사냥 공부가 필요하다

2010년 남아공 월드컵 16강 진출 경기에서 안타깝게 우루과이에게 2대 1로 패한 다음날 아침. 전날 밤에 내린 비 때문인지 참매 둥지가 있는 산자락에는 안개가 짙게 깔렸다. 둥지에는 알에서 깨어난 지 32일째인 새끼 세 마리가 서 있을 뿐 어미는 어디를 갔는지 보이질 않았다. 위장 텐트로 들어가는 나를 호기심 어린 눈으로 지켜보던 새끼들은 주변이 다시 조용해지자 내 존재는 잊어버린 듯 날갯짓 연습을 하거나 사냥감을 움켜쥐는 자세를 취해 보기도 하고 훌쩍 둥지 옆 나뭇가지로 뛰어오르기도 하면서 시간을 보냈다. 따로따로 노는 것도 잠시, 시간이 지날수록 녀석들의 동작이 둔해지더니 바닥에 주저앉거나 멀거니 둥지 밖을 쳐다보며 꼼짝 않고 서 있어 둥지는 이내 조용해졌다. 위장 텐트에 들어온 지 3시간이 지났다. 녀석들과 함께 나도 깜빡깜빡 졸고 있던 바로 그때, "끼아악!.. 끼아악!" 엎드려 있던 어린 새가 먼저 울기 시작했다. 집중해서 귀를 기울여야 들을 수 있는 작은 울음소리였다. 학수고대하며 먹이를 기다리다가 지친 것 같았다. 녀석의 뒤를 이어 다른 녀석이 따라 울었다. 한 녀석이 울다 그치면

1	2
	3

1 알에서 깨어난 지 34일 된 어린 참매가 날카로운 발가락으로 먹이 잡는 시늉을 하며 사냥해 올 아비를 기다리는 무료함을 달래고 있다. 그런 모습을 다른 녀석이 호기심 어린 눈으로 쳐다보고 있다.

2 어미가 나타나자 참매 새끼들이 일제히 먹을 것을 달라고 소리를 질러 댄다.

3 먹이를 보채는 새끼들 소리에 아비 참매가 먹이를 들고 둥지로 들어왔다. 먹이를 본 새끼들이 한꺼번에 달려들자 수컷은 냉큼 먹이를 던져 놓고 잽싸게 피해 달아났다.

다른 녀석이 이어 울어서 녀석들의 울음소리는 끊이지 않았다. 구슬픈 그 소리는 누가 들어도 배가 고프다는 뜻임을 알 수 있었다. 가냘픈 새끼들의 울음소리를 들었는지 신기하게도 아비 참매가 먹이를 갖고 둥지로 훌쩍 날아들었다. 새끼들이 배고프다고 울자마자 순식간에 사냥을 했을 리는 없을 테니 어딘가 저장해 두었던 먹이를 들고 온 것은 아닐까 하는 생각이 들었다. 참매가 먹이를 은밀한 곳에 저장한다고 하더니 사실인 모양이다. 둥지로 날아드는 아비 참매에게 득달같이 새끼들이 달려들었다. 엄밀하게는 아비 참매가 아니라 발에 쥐고 있는 먹이를 향해 달려들었을 것이다. 녀석들은 사이좋게 지내다가도 먹이 앞에서는 사생결단하는 적이 되었다. 새끼들의 울음소리는 작고 낮았지만 멀리 있던 아비 참매가 들을 수 있을 만큼 날카로웠다.

둥지에서 먹이를 보채며 울던 새끼들과 똑같은 소리를 내는 것을 보면 저 보라매는 이쪽 나무에 앉아 있는 참매 어미 새의 새끼인 것 같다. 참매는 이소한 후 만 1년 정도는 어미를 따라다니며 먹이를 얻어먹기도 하고 사냥도 배운다고 들었는데 이렇게 확인하게 될 줄이야. 그러나 지금은 조용히 어미 참매가 사냥하기를 기다려야 하는데 분위기 파악을 하지 못하고 울어 대는 통에 나만 애가 탄다. 집중력이 흐트러지면 안 되는데 시끄럽게 우는 보라매 때문에 참매 어미 새가 사냥을 포기할까 봐 신경이 곤두선다. 이상하게 보라매의 날카로운 울음소리에도 오리들은 별다른 경계를 하지 않는다. 보라매가 구슬프게 울며 보채는 데도 꼼짝을 않는 것은 참매 어미 새도 마찬가지다. 마치 모르는 사이처럼.

한참을 울던 보라매가 무슨 생각인지 갑자기 나무 위에서 훌쩍 뛰어내리더니 물 위의 오리 떼를 향해 곧 낚아채기라도 할 듯 내리꽂힌다. "어! 저 녀석이 먼저 사냥을 하네!" 어미 새에 카메라를 맞추고 있던 나는 당황스럽기 짝이 없다. 부랴부랴 보라매

쪽으로 방향을 돌려 뷰파인더를 보면서 정신없이 셔터를 눌러 댄다. 물 위의 오리들이 보라매를 피해 튀어 올라 해미천은 순식간에 아수라장으로 변했다. 오리들의 비명 소리와 개울물 표면을 치는 날갯짓 소리가 뒤엉켜서 소란스럽다. 잠깐의 혼란을 뒤로 하고 쇠오리, 청둥오리, 흰뺨검둥오리, 홍머리오리, 넓적부리 들이 저마다 개성 넘치는 독특한 날갯짓을 치며 끼리끼리 도망간다. 보라매가 사방으로 튀는 오리들을 따르며 공격해 보지만 갈피를 잡지 못하고 우왕좌왕 헤맨다. 오리들에게 도망치는 훈련만 시켜 놓고는 제풀에 지쳤는지 슬그머니 원래 앉아 있었던 나무로 되돌아가 앉는다. 저도 멋쩍은지 오리들을 쳐다보지 못하고 고개를 돌린다. 제법 사냥하는 티를 내는 듯하더

어미 참매가 사냥해 먹던 청둥오리를 자식인 보라매에게 양보했다. 알에서 깨어난 지 일 년이 채 안 된 보라매는 어미를 따라다니며 사냥을 배우기도 하고 때로는 먹이를 얻어먹기도 한다.

어린 참매인 보라매가 사냥하기 위해 해미천의 오리 무리 위로 나타났으나 웬일인지 오리들의 반응이 시큰둥하다. 어리다고 깔보는 것인지 보라매의 공격이 매섭지 않다는 것을 아는 것인지 여유가 넘친다.

보라매가 공격을 감행하자 그제야 오리들은 요란한 날갯짓으로 날아오른다.

니만 헛물만 켜고 물러나 앉았다. 그래도 참매 어미 새는 꼼짝하지 않는다. 오리들이 슬금슬금 다시 개울 위로 내려앉아 물장구를 친다. 혹시나 오리를 낚아채는 순간을 찍을까 싶어 잔뜩 기대하고 숨 가쁘게 보라매를 따르며 셔터를 눌러 대던 나까지 헛물을 켠 셈이 되고 말았다. 녀석이 오리뿐 아니라 나까지 훈련을 시켰다.

  장난치듯 한바탕 분탕질을 쳐서 오리들만 혼비백산하게 해놓고 보라매는 계면쩍은지 나뭇가지에 앉아 부르르 몸을 떤다. 모래톱에서 먹이를 먹던 큰고니 무리가 동작을 멈추고 물끄러미 그 모습을 지켜봤다. 그 모습을 보고 있자니 어이가 없어 헛웃음이 나왔다. 햇빛을 반사하는 개울물은 눈이 부시게 반짝이고, 건너편 공군 비행장에서 뜨고 내리는 전투기 소리는 요란하게 대지를 뒤흔든다. 그 소리에 영 적응을 하지 못해 어깨가 움츠러드는 나와는 달리 해미천의 새들은 무심하게 제 할 일들을 한다.

사냥을 하려는 듯 참매 어미 새가 물 위의 오리들을 뒤쫓고 있다. 대부분 날아가 버렸는데 몇 마리의 오리가 늦었다 싶었는지 물속으로 곤두박질치며 피하고 있다. 참매는 물속의 오리를 낚아챌 결정적 순간을 엿보며 기다란 꼬리깃을 넓게 편 채 제자리 날기를 하고 있다.

사냥,
기습적으로 시작되다

귀를 찢을 듯한 전투기 소리에 귀를 막느라 뷰파인더에서 잠깐 눈을 떼는 순간, 언뜻 참매 어미 새가 날아오르는 게 보였다. 나뭇가지에서 훌쩍 뛰어내리며 날개를 활짝 펴더니 몸을 한 바퀴 뒤집는다. 마치 체조 선수가 공중제비를 하며 돌아내리듯이 재빠르고 날래다. 사냥이 시작된 것이다. 오리들은 다시 난리가 났다. 저마다 살길을 찾아 이리 튀고 저리 튀는 통에 일순간 해미천은 다시 아수라장으로 변했다.

아차 싶은 생각에 쿵쿵 뛰는 가슴을 달래며 허겁지겁 뷰파인더로 참매를 찾는데 쉽사리 눈에 들어오지 않는다. '이런 낭패가 있나! 잠깐 방심한 사이에 또 일을 그르치는구나' 싶어 탄식이 절로 나온다. 어찌어찌 중구난방 튀어 오르는 오리들 사이로 겨우 참매를 잡았다. '이제 됐다' 싶은 순간, 뷰파인더에서 참매가 사라졌다. 아니 사라진 게 아니라 수많은 오리에 가려서 보이질 않는다. 마음이 조급해져 허둥지둥 카메라 렌즈를 휘둘러본다. 녀석이 미리 생각했던 곳이 아닌 엉뚱한 모래톱 쪽으로 갑자기 방향을 바꾸더니 아래로 똑바로 내리꽂듯이 날았다. 다시 뷰파인더에서 녀석이 사라진다.

참매는 오리를 공격하다가 뒤늦게 뒤뚱거리며 도망치는 물닭을 놓치지 않고 사냥했다. 물닭은 오리처럼 곧바로 땅을 박차고 날아오르지 못하고 도움닫기 하듯이 한참을 달려가다 날아오르기 때문에 참매의 표적이 된 것 같다. 사냥한 먹이를 가지고 숨어들어 가야 할 갈대밭에 큰고니들이 모여 있자 선뜻 들어서지는 못하고 사냥감을 두 발로 누르고 선 채 큰고니들을 경계하고 있다.

쫓기는 오리만큼이나 나도 갈팡질팡 정신이 없다.

  녀석에게 쫓기던 수많은 오리들이 한쪽으로 몰려 개울물 위로 다시 내려앉는다. 뭔지 모를 싸한 느낌에 카메라에서 눈을 떼니 어느 결에 참매는 물닭 한 마리를 발로 짓누른 채 모래톱에 내려앉아 있다. 뷰파인더에서 사라지던 순간 참매는 방향을 바꾸어

오리 대신 모래톱으로 혼자 달아나던 물닭을 덮친 것이다. 동쪽에서 소리를 지르고 서쪽에서 적을 친다는 성동격서聲東擊西란 바로 이를 두고 하는 말인 듯하다. 참매는 오리 떼를 뒤쫓는 듯 날아내려서는 혼자 모래톱에서 쉬다가 도망치는 물닭을 단번에 낚아챈 것이다. 찰나의 순간, 운 좋게 날아내리는 참매를 뷰파인더 속에 잡아 놓고도 지레 짐작하여 오리 떼 쪽으로 렌즈 방향을 움직이는 바람에 참매가 방향을 바꾸어 뷰파인더에서 사라지자 속수무책으로 놓치고 말았다. 결국 눈앞에서 참매가 물닭을 덮치는 결정적 순간을 놓쳤으니 이보다 더 황당할 수는 없다. 오리를 사냥하지 않고 엉뚱한 곳에 홀로 있던 물닭을 공격하다니. 그 짧은 순간에 어찌 그것까지 계산할 수 있었단 말인가? 좋은 기회를 날려 속이 상한 나를 놀리기라도 하듯 오리들이 힘차게 물장구를 치며 날개를 퍼덕인다. 참매의 공격을 무사히 피한 것을 스스로 축하하는 듯한 몸짓들이다.

참매가 물닭을 짓누르고 서 있는 곳 근처에는 큰고니 수십 마리가 부지런히 먹이를 찾고 있다. 참매는 버둥대는 물닭이 달아나지 못하게 두 발로 짓누르면서도 큰고니들의 움직임을 경계한다. 큰고니들도 호기심 어린 눈초리로 물닭을 움켜잡고 있는 참매를 쳐다보며 긴장한 듯 경계한다. 한참을 그렇게 서로 눈치를 살피다가 큰고니가 먼저 고개를 숙여 먹이를 찾자 참매 어미 새도 안심이 되었는지 버둥대는 물닭의 뒷덜미 깃털을 거칠게 뽑는다. 뽑힌 깃털이 바람에 사정없이 흩날린다.

'오늘 같은 기회를 놓치다니!' 맥이 쭉 빠지며 허탈해져 쓴웃음만 나온다. 얼마나 기다리고 공을 들였던 순간이던가? 곧 사냥을 시작하리란 짐작은 빗나가지 않았는데 고막을 찢을 듯한 전투기 소리 때문에 잠깐 한눈을 판 그 순간에, 마치 기다리기라도 했다는 듯 사냥을 하다니. 정말 사냥 모습을 누구에게도 보여 주기 싫은 것일까?

참매는 먹이를 먹을 때에도 감추려고 하는 버릇이 있는데 갈대밭에 큰고니 무리가 있어 들어가지 못하자 사냥에 성공한 물닭을 움켜잡고 선 채 주변을 살피고 있다. 이날 참매는 하는 수 없이 사방이 훤히 보이는 모래톱에서 먹이를 먹었다.

사냥은 은밀하게, 먹이는 은밀하거나 때론 훔치거나

아쉬운 마음에 먹이를 뜯는 참매를 한참이나 멀거니 보다가 먹이 먹는 모습이라도 찍어야겠다는 생각에 겨우 정신을 차리고 참매 쪽으로 천천히 차를 몰아 다가간다. 내 차가 움직여 다가서자 먹이를 먹던 참매는 동작을 멈추고 고개를 든다. 저 녀석, 먹는 모습도 보여 주기 싫은 표정이다. '누가 이기나 해 보자' 하는 심정으로 나도 꼼짝 않고 버티기로 한다. 카메라 렌즈를 무릎에 올려놓고 녀석이 경계를 풀기만을 기다린다. 긴장한 탓인지 짧은 순간인데도 몇 시간이 지나간 듯하다. 먹이의 유혹을 뿌리치지 못한 녀석이 천천히 고개를 숙이고 다시 먹이를 먹는다. "그러면 그렇지." 나도 슬며시 차창 밖으로 카메라 렌즈를 내밀고 셔터를 누른다. 참매 어미 새의 먹이 먹는 동작이 무엇에 쫓기듯 허둥거린다. 누가 먹이라도 빼앗으러 오나?

물닭의 깃털이 금세 수북이 쌓인다. 그러고 보니 배고프다고 울어 대던 보라매가 꼼짝 않고 나뭇가지에 앉아 있다. 물닭을 사냥한 참매가 어미라면 득달같이 달려왔을 텐데. 참매가 사냥한 물닭을 거의 다 먹을 때까지도 보라매는 움직이지 않는다. 내 생각이 틀렸나, 어미가 아닌가? 궁금하지만 확인할 방법은 없다. 보라매가 스스럼없이 어미 새 곁으로 내려앉아 먹이를 건네 받아먹으면 모를까. 참매 주변에 덩치가 큰 큰고니들이 있어서 보라매가 겁을 내는 것인가? 참매 어미 새에게서 태어난 녀석이 틀림없을 것이라는 믿음이 흔들린다. 결국 먹이를 다 먹은 참매가 날개를 툴툴 털고는 큰고니의 배웅을 받으며 훌쩍 자리를 박차고 날아올라 간월호 쪽으로 날아간다. 보라매는 제 곁을 지나가는 참매 어미 새를 본체만체하고 물 위의 오리들만 내려다보며 움직일 생각이 없어 보인다. 참매 어미 새가 날아가면 뒤따라갈 줄 알았는데 내 짐작이 완전히 빗나갔다. 그러면 왜 어미에게 배고프다고 보채는 듯한 울음소리를 냈을까? 참매의 사냥 순간도 놓치고 어미 새와 보라매의 관계도 확인하지 못한 채 한 해가 속절없이 저물어 간다.

새해가 밝았다. 자연은 새해라고 달라지는 것이 없다. 그저 어제 같은 오늘이 되풀이될 뿐이다. 어제와 비슷한 시간에 해가 떠올랐고 또 비슷한 무렵에 새들이 날아가고 날아들었다. 다만 전에 없이 오늘 아침에는 해미천 모래톱에서 참매가 버려진 기러기 사체를 먹고 있다. 역시 추운 겨울나기가 호락호락하지 않은 것 같다. 참매가 직접 사냥한 것만 먹는지 아니면 임자 없는 먹이에도 달려드는지 늘 궁금했는데 그 의문이 우연히 새해 벽두에 풀렸다. 참매의 카리스마 넘치는 당당한 모습에 반했건만 해미천 바닥에 버려진 죽은 기러기를 주워 먹는 모습에 적잖이 실망스럽다. 한편으로는 냉혹한 자연의 현실과 생존의 절박함이 느껴져 안쓰럽기도 하다. 저도 남의 먹이를 훔쳐 먹는 것을 아는지 경계를 하느라 제대로 먹지도 못한다.

까치 십여 마리가 우르르 모여든다. 감히 참매 가까이 다가서지는 못하고 한발쯤 떨어져 둘레를 돌면서 참매의 눈치를 살핀다. 주춤 물러났다가는 다시 모여들고 또 제풀

사냥한 오리를 배불리 먹어 모이주머니가 불룩해진 참매 어미 새가 갈대숲을 낮게 날아서 자리를 뜨고 있다. 참매는 거의 이렇게 낮게 날아 이동한다.

1 눈 덮인 해미천 바닥에 버려진 기러기 위로 참매 어미 새가 내려앉아 두 발로 움켜쥐고 서 있다. 까치들은 흩어진 고기조각이라도 얻어먹으려는 듯 참매를 에워싸고 빙빙 돌며 기회를 엿보고 있다.

2 기러기를 먹고 있던 참매가 성가시게 구는 까치와 까마귀를 피해 먹이를 갈대숲으로 끌고 가려고 애를 써 보지만 기운이 딸려 실패하고 만다.

에 뒤로 깡충깡충 물러나기를 반복하면서 호시탐탐 참매가 먹는 기러기를 노린다. 참매는 까치에게는 관심도 두지 않고 혹시 흰꼬리수리가 나타날까 경계하는 듯 연신 하늘을 올려다본다. 이곳의 어수선한 분위기가 느껴졌는지 어디선가 까마귀까지 날아들었다. 까치와는 다르게 녀석은 제법 용기를 낸다. 슬금슬금 뒷걸음질을 쳐서 같이 먹자는 듯이 다가서지만 참매가 움찔하기라도 하면 잽싸게 뒤로 물러난다. 몸은 뒤로 뺀 채 다리만 참매 쪽으로 향한 녀석의 자세가 술래잡기하는 어린아이 같단 생각에 웃음이 툭 터져 나온다.

새끼들을 돌보는 어미 참매가 있는데도 겁도 없이 어치가 찾아와 어미 참매를 괴롭혔다. 어치를 바라보는 어미 참매의 표정이 복잡하다.

숲 속의 무법자 어치, 참매 둥지를 찾다

들판에서는 까치나 까마귀가 성가시게 군다면 숲에서는 어치란 녀석이 참매를 괴롭혔다. 2년 전 새끼 세 마리를 키우는 참매의 낙엽송 둥지를 관찰할 때의 일이었다. 그때 내가 관찰하던 둥지의 아비 참매는 다른 둥지와 조금 다른 먹잇감을 곧잘 잡아왔다. 독특하게 거의 매일 어치를 사냥해 왔었다.

나는 숲으로 사진을 찍으러 다니면서부터 어치를 '산속의 사기꾼'이라고 부른다. 다른 새의 울음소리를 똑같이 흉내 내서 깜빡 속은 적이 한두 번이 아니었기 때문이다. 참매 둥지를 관찰할 때는 어찌나 참매의 소리를 똑같이 흉내 내는지 거의 매일 속았다. 어치가 내는 소리에 참매 수컷이 먹이를 잡아온 줄 알고 카메라 렌즈를 위장막 밖으로 내놓는 일을 여러 번 반복했었다. 평소에도 어치는 숲을 낮게 날아다니며 작은 새소리를 흉내 내면서 이들의 둥지에서 새끼를 꺼내 먹는 등 얄미운 짓을 도맡아 한다. 아무리 적자생존이 자연의 법칙이라고는 하지만 이쯤 되면 사기 행각이 아니던가.

그런 어치도 참매가 새끼를 키울 무렵 둥지를 틀고 알을 낳아 새끼를 키운다. 숲에

| 1 |
| 2 |

1 알에서 깨어난 지 38일된 어린 참매가 둥지에서 어치 한 마리를 통째로 들고 있다. 이 무렵이면 녀석들은 제법 보라매 티를 내기 시작한다. 먹이를 통째로 던져 줘도 잘 받아먹는다는 사실을 어미도 알고 있는 것 같다. 아비 참매는 숲에서 자주 만나는 어치 사냥이 쉬웠던 모양이다.

2 아비 참매가 어치 새끼 한 마리를 산 채로 둥지에 던져 주었다. 제일 먼저 먹이를 차지한 녀석부화 34일이 먹잇감을 부리로 문 채 날개를 펴서 감추고 있다. 그러더니 날카로운 경계 소리를 내며 형제들이 다가오지 못하게 했다. 날개로 먹이를 감추는 것은 새끼의 본능인 것 같고, 살아 있는 먹이를 잡아 오는 것은 다 큰 자식의 사냥을 돕기 위한 아비의 본능 같다.

1 어미 참매는 애써 어치를 외면하고 있는데, 둥지에 납작 엎드린 새끼가 긴장은 했지만 호기심 어린 눈길로 어치를 쳐다보고 있다.
2 숲 속의 깡패이자 참매의 먹잇감이기도 한 어치가 찾아와서 어미 참매 머리 위로 마치 폭격이라도 하듯 내리꽂으며 공격하고 있다. 어미 참매는 그 자리를 지키며 한쪽 발로 어치를 잡는 시늉만 했다. 뒤따라가 쫓을 법도 한데 새끼들 곁을 지키려 둥지를 벗어나지 못하는 것 같다.

숲 속의 깡패 어치가 왕새매 소리를 흉내 내며 왕새매 둥지에도 찾아왔다. 참매 둥지에서처럼 어미가 있으면 새끼들은 괴롭히지 않는다. 어미가 없어도 어치는 새끼들을 해코지 하지 않을까?

서 어치는 오직 참매만이 경계 대상이다. 참매가 어치 둥지를 곧잘 넘보기 때문이다. 특히 새끼가 알에서 깨어난 지 25일이 지나면 참매 어미는 먹이 다루는 법을 훈련시키는 것인지 가끔 먹잇감을 산 채로 새끼들에게 건넨다. 그때 주로 어치 새끼를 가져온다. 그 때문인지는 몰라도 가끔 어치가 참매 둥지를 찾아와 어미를 괴롭히다가 돌아가곤 했다. 수컷이 사냥을 나가면 둥지의 새끼들은 언제나 암컷이 남아 보호하는데, 무턱대고 찾아온 어치는 둥지에 앉아 있는 어미 참매를 고집스럽게 공격했다. 어치가 '꺅꺅' 참매 소리를 내며 어미를 공격하면 새끼들은 둥지 바닥에 납작 엎드려 꼼짝하지 않는다. 이상하게 어치도 새끼들은 건드리지 않고 어미만 집중적으로 괴롭혔다. 어치는 어미 참매의 머리 위로 수직으로 내려오다가 머리를 스치며 할퀴고 지나갔다. 그러고는 휘돌아 둥지 윗가지에 잠시 앉아 어미 참매의 눈치를 살피다가 다시 같은 행동을 되풀이했다. 어미 참매는 어치가 하는 양을 뚫어져라 쳐다보고 있다가 어치가 휙 하고 지나가고 나서야 앉은 자세 그대로 한쪽 발을 앞으로 내밀어 뒤늦게 움켜쥐는 흉내를 냈다. 꼭 한 박자씩 늦었다. 누가 봐도 잡을 수 없는 우스꽝스러운 동작이라 나도 모르게 "숲의 제왕이 맞아?" 하는 말이 튀어 나왔다. 참으로 어처구니없는 숲 속 풍경이었다. 자리를 바꿔 가며 여러 차례 어미 참매를 괴롭히던 어치가 제풀에 물러간 뒤 수컷이 먹이를 가지고 돌아왔다. 혹시나 하고 살펴보니 역시 어치였다. 새끼도 아니고 어미 새다. 조금 전 참매 둥지에 찾아와 행패를 부리고 간 그 녀석인지는 알 수 없지만, 이 둥지의 아비 참매는 어치를 잡아오는 횟수가 남다르기는 했다. 그래서 어치들이 끈질기게 찾아와 어미 참매를 괴롭히는 것일까?

참매보다 한 달가량 늦게 새끼를 키우는 왕새매의 둥지에도 어김없이 어치가 찾아왔다. 당연히 왕새매의 울음소리를 흉내 내면서. 여기서도 새끼들에게는 해코지를 하지 않고 어미만 끈질기게 괴롭혔다. 참매보다 덩치가 약간 작은 왕새매가 만만해서인지 좀 더 과감했다. 왕새매 수컷이 먹이를 잡아 가져오는 순간에도 공격을 멈추지 않았다. 심지어 둥지에 왕새매 부부가 함께 있는데도 찾아와서 괴롭히는 것을 보면 어치는 '숲 속의 사기꾼'에다 '숲 속의 깡패'임에 틀림없다. 왕새매의 먹이가 대개 뱀 종류이고 먹이를 잡아 왔을 때에 주로 어치가 나타나는 것을 보면 먹잇감이 탐났는지도 모르겠다. 물론 단 한 번도 어치가 왕새매의 먹이를 훔쳐가는 것은 보지 못했다. 왕새매 둥지 주변에는 늘 "꺅!, 끼아악!, 꺅!, 끼아악!" 하고 왕새매를 흉내 내는 어치가 맴돈다. 왕새매도 자신들의 천적이라 여기고 경계하는 것 같았다.

흰꼬리수리, 먹다 버린 먹이를 찾아오다

성가신 불청객 까치와 까마귀 때문에 먹이를 먹기가 불편한지 참매 어미 새는 자꾸만 기러기를 갈대숲 쪽으로 끌고 가려고 한다. 발가락으로 먹이를 잡고 힘껏 당겨 보지만 자기 몸보다 큰 먹이는 쉽게 끌려가지 않는다. 먹는 둥 마는 둥 먹이와 실랑이를 벌이는데 마침내 흰꼬리수리가 나타났다.

어마어마한 크기를 자랑이라도 하듯 날개를 활짝 펴고 해미천 위를 낮게 날아온다. 흰꼬리수리의 등장에 애꿎은 오리들만 도망가느라 난리 법석이다. 혼비백산 달아나는 오리들은 본체만체 그들 위를 유유히 날아 참매가 먹던 기러기 근처에 풀썩 내려앉더니 뒤뚱뒤뚱, 겅중겅중 우스꽝스러운 걸음걸이로 먹잇감 쪽으로 다가간다. 조금은 우스워 보이는 모습이지만 덩치 큰 맹금류의 느긋하고 당당함을 엿볼 수 있다. 흰꼬리수리가 내려앉기도 전에 참매는 이미 자리를 피해 없다. 도망가는 참매와는 달리 까치와 까마귀들은 제자리에서 흰꼬리수리가 내려앉는 것을 구경한다. 그러고는 참매에게 했던 것보다 더 적극적으로 흰꼬리수리에게 다가선다. 까마귀란 녀석은 한술 더 떠서 흰

1 해미천 개울가에서 죽은 기러기를 먹던 참매가 사방이 트인 곳이라 신경이 쓰였는지 먹던 기러기를 물고 갈대숲 쪽으로 끌고 가려고 애를 쓴다. 먹이를 은밀한 곳에서 먹는 것도 매와는 다른 참매만의 습성 같다.

2 흰꼬리수리가 먹이를 먹고 있는데 감히 까마귀란 녀석이 먹이를 얻어먹자고 흰꼬리수리의 꼬리를 물고 늘어진다. 참매에게는 이런 행동까지 하지 않았는데 아마도 까마귀는 흰꼬리수리의 동작이 느리다는 걸 알고 있는 것 같다.

2011년 1월 1일 아침 해미천에 해가 떠오른다. 물 위에는 오리와 큰고니가 평화롭게 섞여 있고, 이들이 있으면 참매가 잘 나타나지 않아 나로서는 썩 반갑지 않은 까마귀들도 나뭇가지로 날아들었다. 자연은 새해라고 해서 특별히 새로울 것이 없다.

꼬리수리에게 슬금슬금 다가가더니 꼬리깃을 물고 늘어진다, 줄다리기라도 하는 것처럼. 흰꼬리수리도 꼬리깃을 물고 늘어지는 까마귀에게 몸을 돌려 쫓는 시늉만 할 뿐 별다른 공격은 하지 않는다. 흰꼬리수리의 덩치가 커서 날렵하게 움직이지 못한다는 것을 알고 있는 것을 보면 까마귀가 까치보다 영리한 것 같다. 흰꼬리수리는 까치와 까마귀가 귀찮게 굴거나 말거나 먹이 먹는 데 집중한다. 어찌 보면 녀석들이 성가시게 구는 것을 즐기는 것 같기도 하다. 눈으로는 뷰파인더를 보며 카메라 셔터를 누르지만, 정작 머릿속에선 '새벽부터 남의 먹이를 훔쳐 먹어 배가 부른 참매가 과연 사냥을 할까' 싶어 생각이 복잡하게 엉킨다.

새해가 밝았어도 해미천에는 여전히 물 반 오리 반이다. 새해의 해돋이를 찍겠다고 온 사진가와 철새를 찾아온 사람들의 발길이 끊임없이 이어진다. 그 발길을 피하려는 오리들이 이리 날고 저리 날아오르는 통에 하루 종일 어수선하다. 그리고 보니 숨어서 조용히 매복할 곳이 마땅치 않아서인지 참매도 매일 나타나던 곳에 모습을 드러내지 않는다. 이미 새벽에 먹이를 먹어서인지, 끊이지 않는 사람들 발길 때문인지는 알 수 없지만 하루 종일 참매의 모습을 보지 못했다. 해가 바뀌고 며칠 동안은 오가는 사람들로 해미천이 어수선하다. 그동안 참매를 볼 수 없었음은 물론이다.

간월호 한 귀퉁이 얼지 않은 좁은 곳에 도요새 무리가 찾아와서 들며 나며 쉬고 있다.

흰꼬리수리,
기러기 사냥을 나서다

겨울이 깊어짐에 따라 넓디넓은 천수만의 간월호가 추위에 꽁꽁 얼어 얼음 벌판으로 변했다. 어느 농장회사의 콘크리트 볍씨 저장고 앞으로 흐르는 개울이 간월호로 흘러드는 곳에 손바닥만큼 얼지 않은 곳이 있는데 이곳에도 어김없이 오리들이 모여들었다. 흰뺨검둥오리와 청둥오리가 대부분이다. 가끔 기러기와 도요새 무리도 그들 곁에서 쉬었다 갔다. 이들을 노리는 흰꼬리수리와 말똥가리도 적잖이 나타나고 매송골매가 찾아들기도 했다. 매는 흰꼬리수리가 먹다 남긴 먹이를 기웃거리기도 했는데, 먹이를 먹다가 자신보다 큰 흰꼬리수리나 말똥가리가 다가오면 미련 없이 먹던 것을 포기하고 달아났다. 천수만에서 볼 수 있는 맹금류란 맹금류는 다 보이는데 참매만 보이지 않는다. 사방이 트인 얼음 벌판이고, 간월호 둑에는 숨어 매복할 만한 나무도 없기 때문일 것이다. 멀리서 빠르게 달아나는 사냥감을 뒤쫓으며 사냥하는 습성이 있는 매는 이렇게 탁 트인 얼음 위가 유리할 수도 있으나, 매복하고 있다가 짧은 거리에서 기습하는 참매에게는 사냥터로 적당하지 않다.

오리를 사냥해 먹고 있던 매를 말똥가리가 쫓아내더니 그 먹이를 차지했다. 먹이를 빼앗긴 매는 주변을 왔다갔다하면서 말똥가리에게 화풀이를 하고 있다. 드넓은 공간에서 사냥하는 습성이 있는 매는 종종 먹이를 빼앗기는 일이 일어난다.

    참매 대신 흰꼬리수리가 사냥하는 모습이라도 볼 수 있을까 해서 점심을 먹고는 근처에 차를 세운다. 넓지 않은 공간에 정말 많은 오리들이 빽빽하게 앉아서 쉬고 있다. 강바닥의 조약돌처럼 수많은 오리가 옹기종기 모여 있는 모습은 겨울나기할 때가 아니면 볼 수 없는 특별한 광경이다. 오리들 너머 500여 미터 남짓 떨어진 곳에 하얀 얼음 위로 까만 점 하나가 보인다. 쌍안경으로 확인해 보니 흰꼬리수리다. 언제부터 그곳에 앉아 있었는지는 모르겠지만 사냥감을 찾는 것이리라. 이제 기다리기만 하면 될 것 같다. 다시 기다림과의 지루한 싸움이 시작된다.

    지금은 근처에서 기러기를 한 마리도 볼 수 없으니 흰꼬리수리가 오리를 노리고 있는 것일지도 모른다는 기대에 한껏 설렌다. 오리 한 번 보고, 흰꼬리수리 한 번 쳐다보기를 무한 반복한다. 드넓은 간월호 가운데 떡하니 앉아 있는 흰꼬리수리는 간월호

흰꼬리수리가 날개를 펄럭이며 날아오르고 있다. 어미 새의 꼬리깃이 하얀색인 데 비해 끝 부분에 갈색 깃이 남아 있는 것으로 보아 어린 녀석이다. 겨울이면 천수만에는 흰꼬리수리가 찾아오는데 무슨 연유인지는 모르겠지만 어미보다 어린 새가 많다. 흰꼬리수리는 참매보다 5~6배 무겁고 몸길이도 1.5배 정도 더 커서 작은 오리를 사냥하기에는 적합하지 않아 보인다.

둑길이나 호수를 가로지르는 다리 위로 오가는 자동차에는 전혀 신경을 쓰지 않는다. 거리가 넉넉하게 떨어져 있기 때문인 것 같다. 오리 사냥 준비도 된 것 같고 훼방꾼도 크게 신경 쓰지 않는 듯하니 분위기가 좋다. 흰꼬리수리가 사냥하는 모습은 상상만으로도 흥분이 된다. 그런데 흰꼬리수리가 날쌘 오리들을 어떻게 낚아챌까? 참매처럼 숨어 있다가 들이치는 것도 아니고, 저 큰 덩치로 매처럼 속력을 낼 수도 없을 텐데 오리를 사냥하기는 할까? 설마 내가 오기 전에 먹이를 먹고 지금은 쉬고 있는 것은 아니겠지? 기다리는 시간이 길어질수록 이런저런 생각으로 머리만 복잡해진다.

드디어 흰꼬리수리가 훌쩍 날개를 펴더니 얼음 위로 펄럭펄럭 날아오른다. 오리들이 모여 있는 반대쪽이다. "그래, 오리 사냥은 어렵겠지." 혼잣말로 중얼거리며 흰꼬리수리의 뒷모습을 쳐다보는데, "어라!" 흰꼬리수리가 날아가는 쪽으로 기러기 한 마

발톱을 웅크리고 날아가는 흰꼬리수리의 덩치는 어미 새와 비슷하지만 아직 깃털 색이 고르지 못하고 부리 끝은 검은색을 띠며 꼬리에도 갈색 깃이 남아 있는 어린 개체다.

리가 간월호를 가로질러 날아오고 있다. 바짝 긴장한 채 지켜볼 밖에. 기러기를 사냥하기 위해서 날아오른 것인가? 카메라를 꺼내는 것도 잊은 채 뛰는 심장 소리를 들으며 흰꼬리수리와 기러기 사이가 점점 가까워지는 것을 쌍안경으로 지켜보았다. 기러기와 흰꼬리수리가 엇갈리는 순간, 흰꼬리수리가 빙글 돌더니 기러기 꽁무니를 쫓아간다. 이건 분명 기러기 사냥이다. 그러나 사진을 찍기에는 너무 멀다. 기러기와 흰꼬리수리의 거리가 점점 좁혀진다. 기러기의 도망가는 날갯짓보다 흰꼬리수리가 쫓아가는 날갯짓이 조금 빠르다. 사진을 찍지 못해 아쉽지만 간월호 하늘 위에서 벌어지는 쫓고 쫓기는 사냥 과정은 마치 영화를 보는 듯 흥미진진하다. 잡힐 듯 말 듯 아슬아슬하다. 쫓기는 기러기나 쫓는 흰꼬리수리나 최선을 다하는 날갯짓이다. 제 꼬리 뒤까지 흰꼬리수리가 바짝 따라 붙었는데도 기러기는 가던 방향을 바꾼다거나 날갯짓을 더 빨리 한다거나 하는 쫓기는 자의 절박한 몸짓도 없이 똑바로 앞만 보고 날아간다. 보고 있는 내가 더 조바심이 났다. "저러다가 잡히겠는데……." 그동안 참매의 사냥 순간을 찍기 위해 힘든 시간을 보내고 많은 노력을 해 왔다는 것도 잊은 채 쫓기는 기러기를 걱정한다. 그 사이 바짝 따라붙은 흰꼬리수리가 발을 뻗어 날카로운 발톱으로 "툭" 하고 슬쩍 건드린 것 같은데 기러기가 간월호 얼음 바닥으로 곤두박질을 친다. 맞서 싸우기는커녕 몸부림

한번 제대로 쳐 보지 못하고 허무하게 당했다. 흰꼬리수리가 공중에서 사냥감을 잡아채는 모습을 상상했는데 뜻밖의 결과다. 만약 간월호가 얼지 않았다면 떨어뜨리지 않고 하늘에서 낚아챘을까? 공중에서 낚아채 움켜쥐고 날아가기에는 기러기가 너무 무거울까? 아니면 낚아채야 하는데 실수로 떨어뜨린 것일까? 흰꼬리수리가 얼음 위에 떨어져 꼼짝 못하는 기러기 옆으로 천천히 내려 앉는다.

예전에 흰꼬리수리가 해미천 물 위에서 기러기를 사냥하는 모습을 본 적이 있다. 그날도 일찌감치 나와 해미천 둑길에 차를 세우고 참매가 나타나기만 기다리고 있었다. 오리들은 개울 위로 날아드는데, 웬일인지 해가 뜬 지 한참이 지나도록 기러기 한 무리가 먹이를 먹으러 가지 않고 해미천 물 위에서 쉬고 있었다. 아침마다 해미천 하늘을 날아 위쪽으로 올라가는 흰꼬리수리가 그날도 어김없이 커다란 날개를 활짝 펴고 최상위 포식자답게 천천히 미끄러지듯이 위풍당당한 모습을 드러냈다. 하늘을 덮을 듯 우람하고 당당한 날갯짓에 절로 탄성이 터져 나왔다. 녀석의 큰 날개에 덮여 해미천이 어두워진 것 같은 착각이 들 정도였다. 해미천 하늘 높이 흰꼬리수리가 나타나자 오리들의 평화가 깨지면서 해미천은 순식간에 아수라장으로 변했다. 기러기 무리도 잔뜩 겁을 먹고 개울물을 박차고 날아올랐다. 일정한 높이로 해미천 하늘을 미끄러지던 흰꼬리수리가 느닷없이 개울을 향하여 내리꽂듯이 덮쳤다. "오리를 사냥하려나?" 하는 생각도 잠깐. 흰꼬리수리가 물 위의 무엇인가를 향하여 길게 발을 뻗었다가 냉큼 낚아챘다. 물 위에서 헤엄치던 새 한 마리가 반쯤 물에서 끌어올려지다가 '툭' 하고 물 위로 다시 떨어졌다. 흰꼬리수리의 발톱에서 벗어난 물새는 그야말로 죽을힘을 다해 퍼덕퍼덕 날개를 휘저었다. "기러기다!" 사진을 찍으면서 그저 "오리겠지" 하고 무심히 생각했었는데 기러기였다. 흰꼬리수리에게 시선을 빼앗겨 보지 못했는데 무리를 따라 날아오르지 못한 기러기가 한 마리 있었던 모양이다. 기러기를 놓친 흰꼬리수리는 다시 하늘로 날아올라 빙그르 돌더니 기러기를 향하여 폭격기처럼 다시 내리꽂혔다. 혼비백산해서 도망치던 기러기가 다시 흰꼬리수리의 발톱에 잡혀 공중으로 질질 끌려 올라갔다. 이번에도 반쯤 물에서 들어 올려지던 기러기가 물속으로 곤두박질쳤다. 흰꼬리수리는 빈 발가락을 오므린 채 공중으로 날아오르고, 기러기는 또 날개를 퍼덕이며 허겁지겁 도망을 쳤다. 얼른 튀어 올라 동료들에게로 도망치지 못하는 기러기를 답답해 하면서도 연신 셔터를 눌렀다. 흰꼬리수리는 연달아 네 번이나 물 위의

해미천에서 쉬고 있던 한 무리의 기러기는 흰꼬리수리가 나타나자 모두 날아가 버렸다. 웬일인지 동료들과 떨어져 혼자 남아 있던 기러기가 흰꼬리수리의 공격에 속절없이 당하고 만다.

기러기를 공격했지만 끝내 들어 올리는 데는 실패했다. 기러기는 흰꼬리수리의 발톱에서 벗어나 살아남았고 사냥에 실패한 흰꼬리수리는 멋쩍은 듯 해미천 위쪽으로 날아가 버렸다.

그때는 기러기가 왜 날아올라 도망치지 않고 물 위에서 버텼을까 궁금했었는데 간월호 하늘을 홀로 날던 기러기가 공격당하는 모습을 보니 의문이 풀렸다. 흰꼬리수리의 덩치가 크기는 해도 기러기 무게를 감당하기에는 버거운 듯싶다. 가벼운 오리는 날래서 사냥하기가 만만찮고, 상대적으로 재빠르지 않은 기러기는 사냥하기는 쉬우나 무거워서 옮기질 못하는 것 같다. 죽어라 물 위에서 버틴 해미천 기러기는 본능적으로 그 사실을 알고 있었던 모양이다. 흰꼬리수리는 포기하고 날아가 버렸지만 네 번의 공격으로 날개를 다친 기러기는 안타깝게도 죽고 말았다. 우연히 그곳을 지나던 참매가 횡재를 했다. 재주는 흰꼬리수리가 부리고 먹이는 참매가 차지한 꼴이었다.

간월호라는 한 공간에서 삶과 죽음을 가르는 절박한 날갯짓이 있었는가 하면 그로부터 멀지 않은 곳에 있는 오리들은 그저 딴 나라 이야기로 평화롭기 그지없다. 얼음 위에 떨어진 기러기는 꼼짝을 않는다. 기러기 옆에 내려앉은 흰꼬리수리는 급할 게 없다는 듯 유유히 사방을 둘러보며 겅중겅중 걸어서 다가선다. 그러고는 이긴 자의 여유랄까 천천히 뜯어 먹기 시작한다. 약육강식의 질서가 지배하는 차갑고 혹독한 자연의 모습이다. 오리나 기러기처럼 무리를 이루는 새가 무리에서 떨어져 홀로 된다는 것은 죽음을 의미한다고 해도 지나치지 않다.

물론 예외도 있다. 물수리는 가을이면 우리나라를 찾아와서 머물다가 더 추워지면 남쪽으로 내려가는 겨울 철새이지만 한두 달 머물다가 남쪽으로 간다고 나그네새로 보는 이들도 있다. 물수리는 숭어나 잉어 같은 물고기를 물속에서 낚아채는데, 해

흰꼬리수리가 땅에 내려앉는 모습은 비행기의 착륙과 너무나 닮았다. 비행기는 흰꼬리수리 같은 대형 맹금류의 모습을 본뜬 게 틀림없다.

마다 해미천에도 찾아와 참매가 오리를 사냥하는 곳에서 물고기를 사냥한다. 물수리의 사냥법은 떼를 지어 몰려다니는 물속의 물고기를 향해 폭격기처럼 내리꽂으며 그중 한 마리를 날카로운 발톱으로 낚아채 올리는 것이다. 하늘 높이 떠서 빙빙 돌다가 순식간에 내리꽂혀 물보라를 튕기며 물속으로 발을 뻗어 몸이 반쯤 잠긴 상태에서 물

1 제2급 멸종 위기종으로 지정된 물수리는 매년 늦은 가을 무렵 해미천을 찾아왔다가 날이 더 추워지면 남쪽으로 내려간다. 주변에 무엇이 있는지 머리깃털을 잔뜩 부풀려 위협을 느끼거나 경계를 할 때의 동작을 취하고 있다.
2 주로 큰 물고기를 사냥하는 물수리가 해미천에서 사냥한 물고기를 먹고 있다.
3 포항 형산강에서 갑자기 뛰어든 물수리 때문에 숭어 떼가 놀라 이리저리 튀어 오르고 있다. 물수리가 숭어 떼 속으로 뛰어든 것은 숭어가 많아서 사냥의 성공률을 높일 수 있기 때문인 것 같다.

물수리는 하늘에서도 물속의 잉어가 잘 보이기 때문에 사냥을 잘 하는 것 같다. 천수만의 작은 개울에서 영문도 모른 채 갑자기 물수리에 의해 물 밖으로 끌려 나온 잉어가 펄떡펄떡 뛰고 있다.

고기를 사냥한다. 때문에 전혀 눈치채지 못하고 있던 물고기들은 그때서야 놀라 이리저리 튀어 오른다. 물수리가 물속으로 뛰어들기 전까지 자신들을 노리는 존재가 있다는 사실을 모르기 때문에 물수리는 홀로 떨어져 있는 것보다 무리지어 있는 물고기를 덮쳐야 성공 확률이 높다는 것을 본능으로 알고 있는 듯하다. 해미천을 헤집고 다니던 물수리는 물이 얼어 물고기의 활동이 둔해지면 따뜻한 남쪽으로 옮겨 가기 때문에 한겨울에는 보기가 어렵다.

매년 10~11월 강릉 남대천과 포항 형산강에는 물수리의 사냥 모습을 찍으려는 사진가들로 붐빈다. 물수리는 물고기가 있는 부근의 높은 하늘에서 사냥감을 노리며 빙빙 돌면서 사냥을 예고하기 때문에 사진가들이 사진 찍기가 편하다. 하늘을 맴도는 물수리에 초점을 맞추고 있으면 하늘에서 물속으로 뛰어드는 과정을 놓치지 않고 따라갈 수 있다. 보통 한 장소에서 여러 마리가 잇달아 사냥을 하고, 물수리가 물고기 떼 속으로 뛰어들어 사냥하는 순간도 역동적이라 멋진 모습을 담을 수 있다. 지루하게 기

1	2	3
4	5	

1 넓은 강에서 사냥하는 물수리는 높은 하늘에서 물속의 고기를 찾으며 선회하다가 순간적으로 제자리 날기를 하면서 공격 지점을 정확히 가늠하곤 한다.

2 공격 지점을 결정한 물수리가 높은 하늘에서 물속으로 뛰어들기 위하여 마치 폭격기처럼 날개를 접으며 아래쪽을 향해 자세를 취하고 있다.

3 물속으로 뛰어들었던 물수리가 사냥에 실패하고 다시 물 위로 솟구치고 있다. 물고기가 많다고 언제나 사냥에 성공을 하는 것은 아니다.

4 갈고리 같은 날카로운 발톱으로 물고기를 찍듯이 잡아 올리는 물수리가 표면에 물보라를 일으키며 물로 뛰어들면 떼를 지어 몰려다니던 물고기들은 사방으로 흩어진다.

5 물수리가 막 잡아 올린 누치를 끌고 물 위를 스치듯 날면서 공중으로 오르기 위해 사력을 다 하고 있다.

물수리는 얕은 개울에서 사냥할 때는 하늘 높이 떠서 사냥감을 찾지 않고 낮게 날면서 사냥감을 찾고, 또 사냥한다.

다려야 하는 참매의 사냥과는 사뭇 다르며 짜릿한 흥분을 느끼기에 충분하다. 물론 모든 물수리가 넓은 강에서 사냥하는 것은 아니다. 좁은 개울에서 사냥할 때는 빠른 속도로 내리꽂다가는 개울 바닥에 부딪히는 사고를 당할 수 있다는 것을 잘 알고 있다는 듯이 사냥법이 다르다. 이때는 황조롱이나 말똥가리처럼 개울 위에서 제자리 날기hovering를 하며 사냥감을 찾은 후 알맞은 속도로 물로 뛰어들어 물고기를 낚아챈다.

처음 제자리 날기를 하는 물수리를 먼 곳에서 봤을 때에는 미처 물수리라고 생각하지 못했다. 덩치만 보고는 물가 풀섶에서 들쥐를 사냥하기 위해 제자리 날기를 하는 말똥가리려니 하고 무심히 보고 있는데 갑자기 물속으로 뛰어들었다. 깜짝 놀라 가까이 다가가서 보니 물수리였다. 덕분에 물수리가 물고기를 사냥하는 모습을 보게 되었다. 형산강이나 남대천의 넓은 강물 위에서 빙빙 하늘을 맴돌다가 갑자기 날개를 접고 폭격기처럼 수직으로 물속으로 뛰어드는 물수리만 보다가 작은 개울 위 일정한 높이에서 팔랑팔랑 제자리 날기를 하다가 사냥하는 모습이 신기해 기억에 남아 있다.

매년 겨울이면 빼어난 군무로 사람들의 시선을 사로잡는 가창오리는 멸종 위기종 2급으로 중국의 동북부와 러시아의 툰드라 지대에 둥지를 틀고 새끼를 키운다. 우리나라를 찾아오는 수가 많을 때도 있고 적을 때도 있는데, 새끼를 키우는 곳의 기후나 환경에 따라 달라지는 것으로 추측하고 있다. 어느 해에는 40만 마리가 찾아오기도 했다.

맹금류, 같은 듯 다른 사냥법을 가지다

 무리를 이루는 대표적인 새로는 우리나라에서 겨울을 나기 위해 찾아오는 가창오리가 있다. 러시아와 중국의 동북부 습지에서 알을 낳고 새끼를 키우는 이들은 전 세계에 분포하는 95퍼센트가 우리나라에서 겨울을 지내는 것으로 알려져 있다. 어느 화창한 오후, 간월호에서 가까운 당진의 삽교호를 찾아온 가창오리를 보러 갔다. 오후 내내 20여 만 마리의 가창오리가 무리를 지어 공연하는 배우들처럼 일사불란하게 위로 아래로 춤을 추는 듯한 모습을 부지런히 찍고 있는데 갑자기 무리가 흩어지기 시작했다. 하늘을 뒤덮듯이 날아올랐던 가창오리들이 우왕좌왕 갈피를 잡지 못하자 의아한 생각에 카메라에서 눈을 떼고 둘레를 살펴보았다.

 내가 서 있는 둑 쪽으로 새 두 마리가 위 아래로 맞붙어서 날갯짓을 하며 날아오고 있었다. 팔랑팔랑 물에 빠질 듯 말 듯 힘겨워하며 날고 있는데 자세히 살펴보니 녀석은 가창오리를 발로 움켜쥔 매였다. 물에 닿을 듯 말 듯 겨우겨우 둑 쪽으로 힘겹게 날아오고 있었다. 발에 매달린 가창오리가 숨이 끊어지지 않아 필사적으로 날갯짓을 해

매`천연기념물제323-7호`가 가창오리 무리로 뛰어들어 사냥을 하고는 물가로 나오고 있다. 참매와 달리 매는 탁트인 넓은 공간에서 사냥하는 것을 좋아한다.

대는 통에 매는 물에 빠질 듯 말 듯 날기가 매우 버거워 보였다. 매는 날기 위해 날개를 치고 가창오리는 살기 위해 날갯짓을 하는 기묘한 모습이 매우 인상 깊게 뇌리에 남았다. 간신히 둑까지 날아온 매는 퍼덕이는 가창오리를 놓치지 않으려고 애를 쓰느라 내 차를 경계할 틈이 없어 보였다. 운 좋게도 사진 찍기 적당한 거리에 그들이 있었다. 수많은 가창오리들이 한 덩어리로 뭉쳐 살아남았을 텐데 미처 무리에 끼어들지 못하고 떨어져 있던 가창오리가 매에게 당했을 것이다. 쫓기는 쪽에서는 죽을힘을 다해 뭉쳐서 맞서려 하고 쫓는 쪽에서는 대열을 흐트러뜨리려고 무리 속으로 뛰어든다. 매나 흰꼬리수리, 참매 모두 같은 수단과 방법을 쓴다.

같은 매 종류이지만 매의 둥지는 참매와는 전혀 다르다. 참매가 울창한 숲의 나뭇가지 위에 둥지를 트는 것과는 달리 매는 해안가 높은 절벽의 틈새나 바위 구멍에 둥지를 만든다. 둥지에서 넓은 바다가 내려다보이는 곳을 좋아한다. 둥지를 만드는 방법과 위치가 정반대인 까닭은 사냥 습성이 다르기 때문인 것 같다. 매는 넓은 바다에서 시속 300킬로미터 이상의 빠른 속도로 뒤쫓아가서 사냥감을 덮친다. 매복하고 있다가 갑자기 들이치는 참매와는 전혀 다른 사냥 기술이다. 매가 해안가 바위 절벽에 둥지를 트는 데는 또 다른 이유가 있다. 바다가 훤히 내려다보이는 곳이어야 먹잇감인 철새들이 지나가는 모습을 잘 볼 수 있다. 매는 절벽 위에 앉아 있다가 먼바다에서 날아오거나 지나가는 철새를 따라가서 공격한다. 바닷물속 말고는 피할 곳이 없다는 것이 철새들에게는 치명적인 위협이지만 반대로 매에게는 더 없이 좋은 조건이 된다.

매도 사냥은 수컷이 도맡아 하는데 먼바다에서 사냥하여 바닷가의 둥지 쪽으로 날아오면 암컷은 이를 지켜보고 있다가 마중 나가서 수컷의 발에 있는 먹잇감을 공중에서 낚아채듯이 전해 받는다. 우거진 나무 때문에 나뭇가지나 땅바닥에서 먹잇감을 전해 받는 참매와는 또 다른 점이다. 매가 매번 하늘에서 먹이를 주고받는 것은 아니다. 수컷이 사냥해 오는 모습을 암컷이 미처 발견하지 못하면 수컷은 새끼가 있는 절벽의 둥지까지 직접 먹이를 배달하기도 한다. 새끼들에게 먹이를 잘게 찢어 먹이는 것은 매도 암컷이 담당하기 때문에 수컷은 새끼들 앞에 먹이를 통째로 던져 놓고 나간다. 가끔 뒤늦게 알아챈 암컷이 수컷을 뒤따라 들어와서는 빼앗다시피 먹이를 받기도 한다.

매가 치타처럼 사냥감을 뒤따르며 날렵하게 사냥하는 것에 비하여 참매는 사자나 호랑이처럼 숨어서 동태를 살피다가 갑자기 들이치는 방식을 쓴다. 사냥감을 뒤쫓아

| 1 | 2 |
| | 3 |

1 둥지가 있는 바닷가 절벽에 매 부부가 앉아 쉬고 있다. 쉬는 동안에도 사냥감이 다가오는지 살피려는 것인지 사냥을 책임지는 수컷이 암컷보다 높은 위쪽에 앉아 있다.

2 바닷가 절벽의 틈에서 매가 새끼 네 마리를 기르고 있다. 둥지에는 새끼들만 있고 어미는 둥지가 잘 보이는 곳에 앉아 새끼들을 지키면서 아비 매가 먹이를 사냥해 가져오기를 기다리고 있다.

3 아비 매(왼쪽)가 사냥한 먹이를 둥지로 들고 들어가는데 딴짓하다 이를 뒤늦게 알아챈 어미 매가 따라 들어와 아비 매에게서 먹이를 전해 받고 있다. 매도 어미가 먹이를 찢어 새끼들에게 먹인다.

1 아비 매가 번식지로 이동하던 철새인 황금새 암컷을 사냥해 왔다.
2 아비 매(위쪽)가 잡아온 먹이를 공중에서 어미 매(아래쪽)가 낚아채듯이 전해 받고 있다.

1 2 1 길들인 참매 어미 새가 가까운 거리에서 사람이 날려 보낸 장끼를 순식간에 낚아채 논바닥으로 내려앉았다. 참매가 장끼의 발을 누르고 있는 것은 아마도 장끼의 며느리발톱을 경계하는 것 같다.
2 장끼가 참매의 발톱에서 벗어나 도망가자 야생의 참매가 한 번 놓친 사냥감을 뒤쫓지 않고 돌아서듯이 사람 손에 길들여진 참매도 달아나는 장끼를 쉬이 포기하고 말았다.

가 사냥하는 날짐승이나 들짐승 들은 무리 중에서 한 녀석을 골라 사냥하는 공통점이 있다. 반면 매복을 하는 동물들은 몸을 숨기고 있다가 무리에서 떨어져 나온 녀석을 순간적으로 공격해 사냥한다. 참매는 오리 무리 속에서 한 녀석만을 골라서 오랫동안 뒤따르며 사냥하는 날개의 형태를 갖지 않았을뿐더러 나는 속도도 시속 80킬로미터 정도로 빠르지 않아 이런 자신의 약점을 보완하기 위해 매복의 기술을 터득한 것인지도 모르겠다.

이러한 사냥 기술을 눈여겨 본 우리 옛 조상들은 참매를 어릴 때부터 길들여서 꿩 사냥에 이용했다. 길들여진 참매가 사냥하는 모습을 구경할 기회가 있었는데, 한쪽에서 참매를 팔 위에 올려놓고 기다리고 있다가 가까운 거리에서 꿩이 날아오르면 때를

매가 고방오리를 꽤 오랫동안 추격하여 낚아채는 순간 둘이 같이 논바닥으로 떨어졌다. 순식간에 매가 저보다 덩치 큰 고방오리의 목을 물었다.

맞추어 힘껏 참매를 하늘로 날렸다. 죽을힘을 다해 도망가는 꿩을 향해 날아간 참매는 두 발로 힘차게 꿩을 움켜잡았다. 동작이 마치 도마를 뛰어올라 공중에서 재주를 넘는 체조 선수를 연상시켰다. 환상적으로 방향을 바꾸는 재빠름에 감탄사가 절로 나왔다. 재빠르게 방향을 바꾸거나 공중제비를 넘는 동작은 넓은 날개깃과 기다란 꼬리깃 구조 때문에 가능하다. 공중에서 꿩을 움켜쥔 채 참매는 후드득 바닥으로 떨어졌다. 도망치려고 필사적으로 퍼덕이는 꿩을 두 발로 꼼짝 못하게 제압하고는 서둘러 목둘레의 깃털을 뽑기 시작했다. 그 순간에도 꿩은 날개를 퍼덕이며 참매의 발톱에서 벗어나려고 몸부림을 쳤다. 길들여진 참매가 사냥할 때도 곧바로 낚아챌 정도로 사냥감과의 거리가 가까워야 성공한다는 것을 보여 주었다. 드넓은 하늘에서 매송골매가 사냥감이 지칠 때까지 뒤따라가며 사냥하는 것과는 사뭇 다른 모습이었다

어미 참매를 따라다니는 해미천의 보라매가 나뭇가지에 앉아 사냥감을 고르고 있다. 어미 새처럼 나무 꼭대기가 아니라 중간쯤 앉아 먹이를 노리는 것이 어미 새 흉내를 내는 것 같다.

허를 찌르는 기습 공격으로 오리를 잡다

이제 1월도 며칠 남지 않았다. 연말연시의 분위기도 가라앉고 사람 발길도 뜸해져 한적하고 조용한 분위기로 되돌아왔다. 참매가 사냥할 만한 곳에 차를 세우고 참매를 기다린다. 오리 수는 한 달 전보다 많이 줄어서 북적댈 정도는 아니지만 참매가 사냥하기에 부족함은 없어 보인다. 오리가 크게 줄어서 참매가 사냥을 나오지 않을까 걱정하고 있는데, 언제나처럼 참매 어미 새가 낮게 날아와 물 가까운 곳의 버드나무로 조용히 내려앉는 모습이 눈에 들어왔다. 참매 어미 새가 나무에 내려앉아서 몸을 부르르 떨며 자리를 잡자마자 지난번에 보았던 보라매가 어디선가 나타나 어미 참매가 앉은 나무 아래쪽에 있는 나무에 사뿐히 걸터앉는다. 그렇게 한 시간쯤 흘렀지만 전처럼 배고프다고 울며 보채지는 않는다. 떨어져 앉은 어미 참매 아래로는 오리들이 모여 있다. 가까이에 자신들을 노리는 참매가 매복해 있는 줄도 모르고 새까맣게 모여들었다. 사냥 분위기는 무르익고, 둑길엔 겨울 찬바람만이 거칠게 몰아친다. 곧 사냥을 시작하리라는 내 생각과는 달리 무엇을 기다리는 것인지 매복한 지 3시간이 넘도록 어미 참

참매가 사냥을 하려는 듯 넓은 날개깃과 기다란 꼬리깃을 활짝 펴고 이리저리 도망치는 오리들을 재빠르게 뒤따르고 있다. 참매가 짧은 거리에서 잽싸게 방향을 바꿀 수 있는 것은 짧지만 폭이 넓은 날개와 매우 긴 꼬리날개를 가진 독특한 날개 구조 때문이다.

매는 꼼짝을 않는다. 자세는 그대로 유지하면서 둘레를 경계하며 사냥감을 노리는 눈동자만은 잠시도 쉬지 않는다. 오리들을 노려보기도 하고 고개를 들어 둑길을 훑어보기도 한다. 때때로 내 차를 힐끗 쳐다보는 눈길에도 긴장감이 돌아 덩달아 나도 긴장을 한다. 그러나 녀석은 이내 고개를 돌리고는 부리로 날개깃을 다듬으며 깃털을 고르더니 다리를 쭉 뻗어 기지개를 켠다. 잠시 긴장을 늦추려는데 참매가 이내 오리들을 노려본다. 잠시도 눈을 떼지 못하게 나를 조련하는 듯한 참매만 오매불망 쳐다보다 지쳐서 연신 하품을 해대던 그때, 드디어 어미 참매가 날아올랐다.

멋들어진 공중돌기를 하면서 오리를 향하여 날아간다. 물 위의 오리들이 흩어지며 조용하던 해미천은 아수라장이 되었다. 어지러운 오리들 틈으로 참매 어미 새가 뛰어들었다. 허겁지겁 뷰파인더 속에서 참매를 찾는다. 오리들의 난리 법석만큼이나 자동으로 움직이는 카메라 렌즈도 참매인지 오리인지 헷갈려 제멋대로 왔다갔다하는 바람에 셔터를 누를 수가 없다. 현란한 렌즈의 움직임 끝에 겨우겨우 참매를 뷰파인더 속

해미천 옆의 논에서 떨어진 볍씨를 먹던 오리들이 참매의 기습에 놀라 황급히 달아나고 있다. 오리는 무리 중 한 마리만 날아오르면 위험 여부와 상관없이 본능적으로 모두 따라 날아오른다.

에 담았다. 어, 녀석이 물 위를 스치듯 날아서 해미천 둑을 슬쩍 넘어가고 있다. 물 위에서 사냥할 줄 알았더니 오리들만 헤집어 놓고 유유히 날아가 버린다. 일순 맥이 탁 풀린다. 잔뜩 기대하고 있었는데 짐작이 빗나가니 그저 허탈할 뿐이다.

   잔뜩 의기소침해져 맥없이 건너편 둑을 건너다보니 전혀 짐작하지 못한 상황이 벌어져 있었다. 어미 참매가 버둥거리는 청둥오리 한 마리를 발로 움켜쥐고 논바닥에 내려앉아 있다. 버드나무에서 몇 시간을 매복하던 어미 참매는 바로 발 아래에 있던 오리를 사냥하는 척 물 위를 스치듯 낮게 날아가서는 맞은편 둑 너머의 논에서 먹이를 먹던 청둥오리를 공격했다. 보이지 않는 곳에서 날아와 기습 공격으로 허를 찌른 것이다. 소리 없이 낮게 날아서 다가갔으니 건너편 논에서는 참매가 오는 것을 전혀 눈치 채지 못했을 뿐 아니라 둑 위로 불쑥 그 모습을 드러냈을 때에는 코앞까지 닥친 참매를 피할 시간적 여유가 없었을 것이다. 전광석화 같은 참매의 기막힌 기습이었다. 물 위의 오리를 사냥할 줄 알고 기다리던 나도 기습을 당하긴 마찬가지다. 언제나처럼 사

보라매는 해미천 개울가의 나무에 앉아 어미 참매가 사냥하는 모습을 하나도 빼놓지 않고 지켜보고 있다.

냥 순간만을 기다리는 나를 비웃기라도 하듯 내 차창 앞을 내달려 사진을 찍을 수 없는 곳까지 날아가 오리를 사냥했으니 말이다. 잘 보란 듯이 내 앞에서 멋지게 사냥에 나서서 성공을 하고도 내게는 사진 찍을 기회를 주지 않았다. 눈앞에서 벌어지는 기막힌 사냥 순간을 멀뚱히 보고만 있었다니, 아무리 생각해도 기가 막힐 뿐 달리 할 말이 없다.

　어미 참매가 사냥한 먹이를 먹는 것이라도 찍으려면 서둘러 차를 몰아 다가가야 하는데 그것마저 까맣게 잊고 맥이 빠져 앉아 있었다. 먹잇감을 깔고 앉은 참매를 멀뚱히 보고 있는데 보라매가 어미 참매에게로 날아간다. 어떤 신호나 눈치도 없이 그저 재빠르게 다가갔다. 어미 참매도 보라매가 올 줄 알았다는 듯 사냥감을 놓아 둔 채 옆

어미 참매를 따라 날아가는 보라매 뒤를 가까이에 있던 까마귀가 따르고 있다. 영리한 까마귀는 보라매를 따라가면 먹잇감을 얻을 수 있다는 것을 알고 있다.

으로 슬쩍 자리를 옮겨 앉는다. 아직 깃털 하나 뽑지 않은 온전한 먹이를 통째로 보라매에게 넘겼다. 보라매는 어미 참매의 사냥 모습을 지켜보고 있다가 사냥에 성공하자 곧바로 뒤쫓아와 먹이를 차지한 것이다. 참매의 기습 공격으로 오리들이 다 날아가 버린 논에는 참매 두 마리만이 서로를 바라보고 있다. 며칠 전, 해미천 모래톱의 큰고니들이 보는 앞에서 사냥을 했을 때에는 어미 참매가 잡은 먹이를 다 먹고 날아갈 때까지 다가가지 않고 나무에 앉아 지켜보기만 했었다. 그런 보라매의 행동을 보고 '저 참매와 보라매는 아무런 사이도 아니구나'라고 생각했는데 이제는 분명해졌다. 어미 참매와 보라매는 부모 자식 사이가 틀림없다. 보라매가 먹이를 움켜쥐고는 제 어미를 한번 흘끗 쳐다본다. 어미 참매도 그런 보라매를 지긋이 바라보고 있다. 둥지의 어린 새를 돌보는 어미의 눈빛이다. 건강하게 잘 자란 보라매가 자랑스럽다는 표정이 역력하다.

그때서야 나도 퍼뜩 정신이 들어 서둘러 차를 몰아 그들에게 다가간다. 보라매의 눈치를 살피며 조심스럽게 살금살금. 가슴이 답답하다. 많이 긴장한 탓에 나도 모르게 숨을 쉬지 않고 있었다. 보라매가 논길에서 별로 떨어져 있지 않아 불안하다. 아니나 다를까, 차가 몇 바퀴 굴러가자 보라매 뒤에 앉아 있던 어미 참매가 나를 힐끗 보더니 미련 없이 자리를 뜬다. 어미가 날아가는 뒷모습을 쳐다보던 보라매가 내 차를 건너다본다. 당혹감에 눈빛이 흔들리고 있다. 이내 날아간 어미를 다시 한 번 바라본다. 자동차가 슬금슬금 다가오자 먹잇감을 깔고 앉은 보라매도 고민이 되는 모양이다. '그냥 있을까, 달아나야 할까?'

사진을 찍을 수 있는 거리까지 거의 다다랐을 무렵, 보라매가 죽을힘을 다해 청둥오리를 움켜잡고는 논바닥에 질질 끌다시피 하며 기우뚱기우뚱 날았다. 먹잇감을 움켜쥐고 날아가는 모습이 제법이다 싶었는데, 너무 무거웠나 보다. 30여 미터나 날았을까 곧바로 논바닥에 처박히고 만다. 나와 그 정도 떨어져 있으면 괜찮다고 생각했는지 우뚝 서서는 눈치를 살핀다. 원래 예민한 녀석이지만 먹이를 가지고 있을 때는 특히 민감해져서 누군가 가까이 오는 것을 아주 싫어한다. 새끼를 키우며 숲 속에 있을 때도 마찬가지였다. 보라매는 먹이를 움켜쥔 채 꼼짝 않고 나를 노려본다. 눈빛에서 매서운 기운이 뿜어져 나온다. 나도 지지 않고 녀석을 똑바로 쳐다본다. 녀석과 버티기 한판이 시작된다. 한 치의 양보도 없이 잠깐이나마 서로를 노려보고 있자니, 곧 주먹다짐이라도 벌여야 될 것 같다. 내가 별다른 움직임을 보이지 않자 녀석은 노려보던 눈빛을 거두고는 천천히 먹잇감을 내려다본다. 이윽고 오리 깃털을 힘차게 뽑으면서 식사를 시작했으나, 여전히 깃털 하나 뽑고 나 한 번 쳐다보며 경계를 늦추지 않는다. 아

1 아직 어미가 사냥한 먹이를 받아먹기는 하지만 보라매의 깃털이 반질반질 매끄러운 것이 건강하고 늠름해 보인다.
2 어미가 사냥해 준 청둥오리를 실컷 먹어 모이주머니가 불룩해진 보라매가 주변을 살피며 물이 고인 쪽으로 가고 있다.
3 먹이를 먹느라 갈증이 났는지 논바닥에 고인 물을 마시는 보라매 모습은, 마치 아프리카 사자가 식사 후에 강가를 찾아와 물을 마시는 모습을 닮았다.

어미 참매가 사냥한 먹잇감을 하늘에서 전해 받은 보라매가 먹이 먹을 곳을 찾아 날아가고 있다. 참매가 공중에서 먹이를 전하는 모습을 이때 처음 보았다.

직 어린 녀석이지만 더는 다가설 수 없게 하는 맹금류 특유의 카리스마가 넘친다. 별다른 훼방 없이 30분쯤 정신없이 먹이를 먹던 녀석은 아직 반이나 남았는데 한 쪽으로 물러난다. 곧바로 성큼성큼 논바닥에 고인 물웅덩이 쪽으로 걸어가더니 물을 마시고는 날개를 턴다. 그러고는 나를 한 번 흘낏 돌아보고는 역시 미련 없이 자리를 박차고 힘차게 날아오른다. 참매가 사냥하는 결정적 순간은 잡지 못했지만 보라매가 태어나서 일 년 가까이 어미에게 먹이를 받아먹기도 한다는 사실을 확인한 보람찬 하루였다.

며칠 후, 보라매가 어미 뒤를 따라와 해미천 버드나무에 내려앉는다. 그 모습을 바라보며 나는 어미 참매가 사냥하기를 기다린다. 순간 어미 참매가 날아오르더니 물 위의 오리들을 무시한 채 둑길 쪽으로 쏜살같이 내달린다. 해미천 둑의 비탈면을 스치듯 날아 둑길 위로 솟구치는 어미 참매의 발에는 작은 새 한 마리가 잡혀 있다. 눈 깜짝할 사이에 사냥을 끝낸 것이다. 어미가 먹이를 발에 쥐고 멋지게 하늘 높이 솟구치자 보라매도 어미를 향하여 날아오른다. 공중에서 두 마리가 한데 엉키는가 싶더니 보라매가 어미 발의 새를 낚아채듯 가로챈다. 실은 보라매가 뺏은 것이 아니라 어미 참매가 멋지게 전해 준 것이다. 단 한 번에 보라매가 실수하지 않고 공중에서 먹잇감을 받을 만큼 자랐음을 알 수 있다. 이 겨울이 지나면 더 이상 어미에게 기대지 않고 스스로 사냥을 나설 것이다.

60센티미터 남짓한 참매 암컷과 비교해 보면 참매 둥지는 1미터가 훨씬 넘어 보인다. 숲 속의 제왕답게 둥지마저 당당하다. 참매는 사람의 간섭이 없으면 매년 둥지에 나뭇가지를 덧대어 쌓아 다시 사용하기 때문에 오래된 둥지일수록 두텁고 크다.

보라매, 고향 둥지를 찾았으나 쫓겨나다

둥지를 떠나 독립한 보라매가 겨울을 무사히 보내고 이듬해 자신이 태어난 둥지를 찾아오지는 않을까 궁금했는데, 지금 생각해 보니 그런 녀석을 본 적이 있었다. 난생 처음 참매가 새끼 키우는 모습을 사진에 담았던 2006년 5월의 일이었다. 그때 처음 참매 둥지를 보고는 세 번 놀랐다. 그 크기에 놀라고, 그 큰 둥지를 참매가 직접 짓는다는 사실에 놀라고, 둥지 가까이 다가가자 가슴을 후벼 파는 듯한 날카로운 경계 소리를 내서 또 놀랐다. 그동안 맹금류 둥지로는 황조롱이나 새홀리기 정도를 봤는데 묵은 까치나 까마귀 둥지 같은 남의 둥지를 재활용해서 별다른 느낌이 없었다. 더구나 이들은 사람이 사는 곳 근처에서 새끼를 키워서인지 경계 소리도 심하게 내지 않았다. 그에 비해 첩첩산중 높은 나무에 둥지를 튼 참매는 누군가 다가오면 신경질적으로 경계를 했다. 며칠째 규칙적으로 드나들고 있는데도 둥지, 실은 위장 텐트로 다가가는 내 발자국 소리에 득달같이 튀어나와 텐트로 들어가 보이지 않을 때까지 날카롭게 울어 댔다. 딱 부러지는 스타카토 비명 소리는 다가서는 사람을 주눅 들게 하기에 충분했다.

이쯤에서 경계 소리가 날 것이라 예상하고 있으면서도 정작 소리가 들리면 늘 움찔하게 된다. 신경질적이고 날카로운 참매의 경계 소리에 쫓겨 헉헉거리며 위장 텐트로 도망치듯 숨어들지만, 텐트 근처 나무까지 따라와 내려다보며 꾸짖기라도 하듯이 한참을 울어 댔다. 산을 올라와 땀도 흐르고 숨도 가쁜데 참매 눈치까지 보느라 녀석이 위장 텐트 안을 들여다볼 리도 없는데 한참을 꼼짝 않고 있곤 했다.

그때는 참매 둥지에 알이 3개 있어서 참매는 알을 3개만 낳는 줄 알았다. 그 후로 해마다 참매 둥지를 관찰하다 보니 평균 3~5개의 알을 낳아 3~4마리의 새끼를 키워 냈다. 참매는 나이가 적고 많음에 따라 또는 기온이 높고 낮음에 따라 낳는 알의 수가 달라진다는 사실은 나중에 알았다. 처음 발견한 참매 둥지는 아름드리 낙엽송에 자리를 잡았는데, 크기도 어마어마하고 높이도 10여 미터쯤 되었다. 1미터가 넘어 보이는 큰 새 둥지는 태어나 처음 보았기 때문에 매우 놀랐었다. 더구나 말로만 듣던 참매 둥지를 직접 보게 된 흥분까지 더해져 그때의 느낌은 영원히 잊을 수 없을 것 같다. 그 큰 둥지 가운데 앉아 알을 품던 참매의 날카롭게 빛나던 눈빛도 인상적이었다. 흰 눈썹을 찡그리며 우리를 쳐다보던 매서운 눈동자에 나도 모르게 눈길을 피하고 말았다.

관찰을 시작한 지 한참이 지나도록 알을 품고 앉은 어미 참매만 보일 뿐 알을 볼 수 없어 애를 태우는데 갑자기 참매 한 마리가 둥지로 날아들었다. "끽끽끽끽!" 묘한 울음소리를 내며 훌쩍 둥지로 날아들었던 녀석은 어미 참매가 자리에서 일어나서 "꺅, 꺅, 꺅, 꺅." 날카롭게 소리를 지르자 날개를 퍼덕이며 주춤주춤 뒤로 물러났다가 결국 둥지 밖으로 쫓겨나고 말았다. 그때는 아비 참매가 사냥에 실패해 빈손으로 왔다가 암컷에게 구박을 받고 쫓겨나는 것이려니 생각했다. 그런데 나중에 찍은 사진을 확인하다 보니 둥지를 찾아온 녀석은 가슴 깃털로 보아 아비 참매가 아니라 아직 어린 보라매였다. 갑자기 벌어진 상황이라 사진을 찍을 때에는 미처 어린 참매라는 것을 알아

위아래로 난 앞가슴 깃털의 무늬로 보아 아직 어린 보라매가 어미 참매가 알을 품고 있는 둥지로 불쑥 날아들었다. 자신이 태어난 둥지를 찾아온 것으로 보이는데 어미가 냉정하게 쫓아내자 당황해서 물러나고 있다.

보지 못했다. 아비 참매가 아니라면 어미 참매의 행동이 이상했다. 둥지에서 달아나는 참매를 쳐다만 볼 뿐 자기 영역을 침범해 들어왔는데도 쫓아내거나 뒤따라가며 공격하지 않았다. 도대체 어떤 상황이었는지 그 이후 내내 궁금했었는데, 해미천에서 사냥하는 어미와 보라매를 보면서 뿌연 안개가 걷히는 것 같았다. 2006년 봄에 둥지를 찾았던 어린 참매는 그 둥지에서 태어난 녀석이었을 것이다. 해마다 같은 둥지를 고쳐서 새끼를 키우는 참매의 습성을 감안해 보면, 바로 전해, 그 둥지에서 낳고 자란 어린 참매가 둥지를 잊지 않고 찾아왔다가 어미가 있어서 반가운 마음에 내려앉았을 것이다. 그러나 새로 알을 품는 어미는 태어난 지 1년이 지난 자식까지 거둘 수 없어 문전박대를 했던 것이다. 사람이나 동물이나 독립할 때가 되면 부모 곁을 떠나는 것이 자연의 순리인 듯싶다.

참매의 몸길이는 암컷(왼쪽)이 60센티미터 남짓이고 수컷(오른쪽)은 이보다 작은 50센티미터쯤 된다. 평균 몸무게도 암컷은 1100그램, 수컷이 800그램으로 한눈에도 암컷이 수컷보다 크다. 암컷이 먹이를 먹는 동안 수컷이 잠깐 알을 품고 있는데 20여 분이 지나 먹이를 먹어 배가 불룩해진 암컷이 둥지로 돌아와 비켜 달라고 소리를 지르고 있다.

암컷과 수컷, 역할 분담은 명확하게…

 참매는 암컷이 수컷보다 덩치가 월등히 크다. 수컷은 덩치가 작은 대신 날래기 때문에 암컷보다 사냥하기는 훨씬 유리하다. 그래서 짝을 이룬 뒤에는 수컷이 암컷의 먹이까지 책임진다. 암컷은 알을 낳거나 품을 때 수컷이 먹이를 가져오면 둥지 밖으로 날아가 먹이를 받아서 먹고 돌아온다. 암컷이 먹이를 먹는 동안 수컷은 둥지로 들어와 알을 품듯이 앉아서 지키기도 한다. 암컷이 이렇게 수컷이 잡아 오는 먹이를 받아먹는 것은 짝을 이루어 둥지를 만들 때부터 자연스럽게 이루어진다. 둥지를 트는 동안에도 수컷은 암컷이 먹이를 먹는 사이 둥지로 들어와서 둥지를 다듬거나 앉은 자세로 빙글빙글 돌면서 알 낳을 자리를 오목하게 만들기도 한다. 그러다가도 암컷이 구애의 소리를 내면 하던 일을 멈추고 냉큼 날아가 짝짓기를 한다.
 그러나 새끼가 알에서 깨어나면 암컷은 수컷이 먹이를 잡아 와서 불러도 새끼들을 보호하느라 먹이를 가지러 둥지 밖으로 나오지 않을 때도 있다. 그러면 수컷이 직접 둥지까지 먹이를 배달하기도 한다. 그러나 수컷이 직접 새끼에게 먹이를 먹이지는 않

1 알에서 깨어난 지 6일된 새끼들과 어미 참매가 둥지에 함께 있다. 이 무렵에는 어미가 둥지를 비우지 않기 때문에 종종 수컷이 직접 먹이를 갖고 둥지로 들어올 때가 있다. 암컷(오른쪽)이 먹이를 들고 들어온 수컷(왼쪽)을 물끄러미 쳐다보고 있다.

2 어미 참매가 알에서 깨어난 지 일주일 된 새끼를 품고 있는데 수컷(왼쪽)이 둥지로 들어왔다. 수컷의 눈동자가 붉은색을 띠는 것을 보면 나이가 꽤 든 것 같다. 어미 꼬리 아래에서 새끼가 호기심 어린 눈으로 아비를 올려다보고 있다.

3 알에서 깨어난 지 25일 되어 하얀 솜털이 거의 다 빠져서 어린 티를 벗은 참매 새끼들의 눈빛이 제법 매섭다. 어미는 보이지 않고 아비가 둥지로 들어오자 새끼들은 먹이를 찢어 줄까 싶어 아비를 쳐다보지만 아비는 잠시 머물다가 날아가 버렸다.

독수리천연기념물 제243-1호가 몽골의 작은 바위산 고지에 둥지를 틀었다. 직접 먹이를 찢어 먹이는 참매와는 다르게 독수리는 먹이를 먹고 온 어미가 위 속의 먹이를 토해서 새끼에게 먹인다. 보통 암수가 교대로 먹이를 가지고 오지만 새끼가 어느 정도 자라면 새끼만 두고 어미와 아비가 함께 먹이를 찾으러 나가기도 한다.

는다. 7년이 넘게 참매 둥지를 지켜보았지만 단 한 번도 수컷이 새끼에게 먹이를 먹이는 모습은 보지 못했다. 암컷이 둥지에 없을 때에도 사냥해 온 먹이를 통째로 던져 줄 뿐 나서서 찢어 먹인 적이 없다. 아마도 참매는 새끼를 키울 때 암컷과 수컷의 역할이 분명하게 구분되어 있는 것 같다. 암수의 할 일이 명확히 구분되어 있어서 안타까움을 자아냈던 일이 있었다.

3년 전쯤의 일로 주로 낙엽송에 둥지를 튼 참매를 관찰하다가 그해에는 소나무에 있는 둥지를 찍고 있었다. 둥지에 새끼는 3마리였는데 특이하게도 이 둥지의 어미는 새끼가 걷지도 못하는데 둥지를 자주 비웠다. 어느 날은 반나절이나 둥지를 비워 그 큰 둥지에서 어린 새끼들만 꼼지락대고 있는 모습을 지켜보며 얼마나 애를 태웠는지

자리를 자주 비우던 참매 어미가 오랜만에 둥지로 돌아와 수컷이 가져다 놓은 먹이를 새끼들에게 먹이려고 입에 물고 자리를 잡으면서 둥지 주변을 경계하고 있다. 어느 둥지의 새끼를 잡아 왔는지 먹이도 아직 털이 나지 않았다. 알에서 깬 지 얼마 안 된 어린 새끼들을 잘 돌보지 않는 어미의 행동을 내내 이해할 수 없었다.

모른다. 처음에는 어미가 밖에 나갔다가 사고를 당한 것은 아닌지 몹시 걱정했는데 얼마 후에 슬쩍 둥지로 돌아오는 것을 보고 가슴을 쓸어내렸다. 그 후에도 자주 오랜 시간 둥지를 비워서 이 암컷이 다른 수컷과 또 다른 둥지를 만들어 새끼들을 키우고 있는 것은 아닌가 의심이 들기도 했다. 새끼들이 어려서 하얀 솜털을 벗지 않았을 때에는 그래도 하루에 한두 번은 둥지로 돌아와서 수컷이 둥지 바닥에 던져 놓은 먹잇감을 잘게 찢어서 먹였다. 그러고는 둥지에 앉아 새끼들을 품어 주기도 했다.

그 무렵의 새끼들은 스스로 먹이를 잘게 찢어 먹지 못하므로 어미의 도움 없이는 먹이를 먹을 수 없었다. 어미가 자리를 비워 하루 종일 아무것도 먹지 못한 새끼들은 배가 고파서 애처롭게 '끽끽' 울다가 자기들도 살아보겠다고 아비 참매가 통째로 던져 놓

알에서 깨어난 지 이제 겨우 14일 남짓된 참매 새끼들이 어미 없는 둥지에서 배가 고파 울고 있다. 아비는 털도 나지 않은 어린 먹잇감을 둥지로 가져왔지만 아직 어린 새끼들은 먹이를 찢어 먹지 못한다.

은 먹이를 부리로 물어 보지만 스스로 찢을 수 없으니 그저 들었다 놓았다만 반복할 뿐 먹지는 못했다. 그런 모습을 지켜보고만 있자니 얼마나 안타까웠는지 모른다. 새끼들의 애타는 울음소리를 들었는지 암컷은 어쩌다 한 번씩 둥지로 돌아와 둥지 바닥에 널려 있는 먹이를 새끼들이 먹기 좋게 잘게 찢어서 배불리 먹였다. 그리고는 얼마 동안은 새끼들을 품으며 둥지를 지켰다. 무슨 변고가 있는 것도 아니면서 새끼들과 함께 하며 돌보지 않는 암컷의 무정함이 참으로 얄미웠다. 이럴 때에는 수컷이 대신 새끼들에게 먹이를 먹이고 돌보기도 하면 좋겠다는 생각을 여러 번했다. 그러나 안타깝게도 새끼들이 아무리 배고프다고 처량하게 울어 대도 멀거니 쳐다만 볼 뿐 나서서 먹이를 잘게 찢어 주지 않았다. 암컷이 둥지에 없는 것만 이상했는지 먹이를 내려놓고는 한참

1	2
3	

1 알에서 깬 지 14일된 어린 참매들이 아비가 가져온 어치를 가운데 두고 쳐다보고만 있다. 이 무렵의 새끼들은 스스로 먹이를 먹을 수 없어 어미가 찢어 주어야 한다.

2 알에서 깬 지 20일 남짓된 참매 새끼들이 배는 고픈데 털을 뽑고 찢어 먹을 줄 몰라서 아비가 가져온 어린 호랑지빠귀를 통째로 문 채 들어 올렸다 내려놓기를 반복하고 있다.

3 어린 새끼들만 둥지에 남겨 놓고 자주 자리를 비우던 어미가 오랜만에 둥지로 돌아와 새끼들을 품고 있다. 그런 암컷의 행동이 마음에 들지 않는지 어디선가 보고 있던 수컷이 둥지로 날아와 '새끼들 좀 잘 돌보라'는 듯이 높은 소리로 날카롭게 우짖고 있다.

1 알에서 깬 지 10일 된 어린 참매들은 아직 두 발로 일어설 수 없어 무릎걸음이 편하다. 이 무렵에는 어미가 둥지에서 새끼들을 돌보는 것이 일반적인데 이 둥지의 어미는 매일 자리를 비웠다.

2 새끼들을 위해 부지런히 먹이를 잡아 온 수컷이 둥지에 암컷이 없자 주변을 둘러보며 찾고 있다. 2주일쯤 된 새끼들은 그런 아비가 별로 반갑지 않은 듯 딴청을 부리고 있다.

동안 두리번거리며 암컷을 찾았다. 그러면서도 어미인 줄 알고 무릎걸음으로 달려드는 새끼들을 멀뚱히 내려보다가는 무정하게 훌쩍 날아가 버렸다. 아기들이 서서 걷기 전에 무릎으로 기어 다니듯이 참매 새끼들도 두 발로 서기 전에 무릎걸음으로 넓은 둥지 안을 돌아다닌다. 그렇게 어린 녀석들이 하루 종일 아무것도 먹지 못하고 허덕이는 모습을 그저 지켜봐야 했던 일은 고통스럽고 마음 아픈 기억이었다. 이 둥지의 암컷은 사고를 당한 것이 아니므로 또 다른 둥지에서 새끼를 키우고 있을 것이라는 의심을 하지 않을 수 없었다. 물론 참매는 암수가 한 번 짝을 맺으면 사냥을 할 수 없을 만큼 다치거나 죽는 등 특별한 경우가 아니면 짝을 바꾸지 않는다는 것을 알기에 이 둥지의 상황이 혼란스러운 건 사실이었다.

무책임한 어미 밑에서 힘든 날을 보냈음에도 세 마리의 새끼는 별 탈 없이 무럭무럭 자라 털갈이도 하고 힘차게 날갯짓도 하면서 덩치를 키워 갔다. 무릎걸음에서도 벗어

알에서 깨어난 지 5일 된 새끼들이 자고 있는데 어미가 털도 나지 않은 먹잇감을 챙겨 들고 들어왔다. 다른 새의 둥지에서 갓 태어난 새끼를 훔쳐온 것 같다.

1 2
3

1 자주 둥지를 비우는 어미 때문에 제대로 먹이를 받아먹지는 못했지만 다행히 건강하게 잘 자라 알에서 깨어난 지 18일이 되었다. 어미가 갖다 놓은 솔가지를 장난감처럼 가지고 놀고 있다.

2 알에서 깬 지 24일 된 어린 참매들의 하얀 솜털이 빠지기 시작했다. 새끼들은 둥지 여기저기를 돌아다니며 놀기도 하고 날갯짓도 하면서 시간을 보내는데, 제법 어린 티도 벗고 쳐다보는 눈길도 매서워졌다.

3 알에서 깨어난 지 29일 된 어린 참매들이 제법 보라매의 모습을 갖추기 시작했다. 형제의 힘찬 날갯짓을 호기심 어린 시선으로 바라보기도 하고 장난을 걸기도 한다.

1 알에서 깨어난 지 29일 된 참매는 먹이를 직접 찢어 먹을 수 있다. 한 녀석이 먹이를 먹는 모습을 다른 녀석이 넘보고 있지만 섣부르게 덤벼들지는 않는다.

2 알에서 깬 지 37일째인 참매는 힘찬 날갯짓에 몸이 붕붕 떠오르기도 하고. 가뿐히 둥지 가장자리의 나뭇가지에 올라앉기도 하면서 둥지를 떠나는 이소 준비를 한다.

나 당당히 두 발로 둥지를 휘젓고 걸어 다니며 장난을 치기도 하고 힘차게 날갯짓도 했다. 알에서 깨어난 지 20여 일이 지나자 어미가 없어도 아비가 가져다주는 먹이를 스스로 찢어 먹었다. 이 무렵 어미는 아예 둥지를 비웠다가 잊을 만하면 며칠만에 한 번씩 나타났다. 그러고는 다 큰 새끼들에게 잊지 않고 먹이를 챙겨 먹이곤 했다. 비록 둥지에서 새끼들을 돌보지는 않아도 자신이 어미임을 잊지 않고 있다는 것을 보여 주기라도 하는 것 같았다. 암컷이 그러거나 말거나 수컷은 꿋꿋하게 새끼들을 위해 하루도 빼놓지 않고 먹이를 사냥해 왔다. 암컷이 없어서인지 수컷은 먹이를 더 많이 잡아 오는 것 같았다. 둥지에 먹이가 떨어지지 않았다. 새끼들이 알에서 깨어난 지 25일이 지나자 더 이상 어미가 필요 없을 정도로 먹이를 스스로 잘 찢어 먹었다. 이 무렵에는

42일째인 어린 참매가 둥지를 완전히 벗어나 근처 나무에 앉아 있다. 밖에서 시간을 보내다가도 아비가 먹이를 갖고 오면 잽싸게 둥지로 돌아와 먹이를 받아먹는다. 일단 둥지를 떠나면 다시는 둥지로 돌아오지 않는 다른 새들과는 달리 참매는 이때부터 한 달가량 수시로 둥지를 들락날락한다.

암컷을 거의 볼 수 없었는데, 아마 암컷도 이런 상황을 잘 알고 있는 것이 아닐까 이해할 수밖에 없었다. 알에서 깨어난 지 35일이 지나자 새끼들은 자유롭게 둥지를 드나들기 시작했고, 암컷은 아예 둥지를 찾지 않았다.

특이한 행동을 보인 그 둥지의 암컷을 보면서 다른 곳에서 또 다른 새끼들을 키우고 있는 것은 아닐까 하는 의심을 떨칠 수 없었다. 과연 참매 암컷은 두 마리의 수컷을 거느리는 것일까? 아니면 예민한 참매 암컷이 노련한 수컷에게 적응하지 못한 것일까? 어느 쪽이든 숲 속의 최고 포식자인 참매가 숲의 다양한 변화와 환경 파괴에 적응하고 이겨 내는 과정일 것이란 생각이 들었다. 이러한 특별한 삶의 방법들이 천년을 이어 오며 자신들을 꿋꿋하게 지켜내 온 비밀인지도 모르겠다.

어미 참매는 알을 품고 있을 때 수컷이 먹이를 가져와 불러도 가끔 둥지에서 꼼짝하지 않을 때가 있다. 알이 깨어날 무렵이면 더더욱 둥지를 벗어나려 하지 않는 습성이 있다. 그럴 때면 수컷이 직접 둥지로 들어가 먹이를 전달한다.

참매 새끼들은
아기와 닮았다

참매는 새끼를 키울 때 암컷과 수컷의 역할이 분명하기 때문에 암컷이 둥지를 비워서 수컷 혼자 새끼를 돌보는 모습이 흔한 일은 아니다. 이전에도 여러 차례 장소도, 개체도 다른 참매 둥지들을 관찰하고 사진도 찍었지만 단 한 번도 암컷과 수컷이 제 역할에 충실하지 않았던 적은 없었으며, 그들은 모두 새끼를 잘 키워 냈다. 그중 2008년에 관찰한 둥지가 가장 기억에 남는다. 우연히 방송국에서 다큐멘터리를 찍는 데 끼어들어 참매가 알을 품을 때부터 새끼들이 둥지를 떠날 때까지 번식 생태의 거의 전 과정을 지켜보았다.

  강원도의 한 작은 마을을 지나 들판 근처 나지막한 산으로 들어가니 산길을 따라 계곡이 나타났다. 계곡 옆에 차를 세우고 카메라를 어깨에 메고서 20여 분 산등성이를 올라 숨이 턱에 차고 땀이 흐를 즈음 낙엽송 숲이 보였다. 낙엽송 숲 가운데쯤 자리 잡은 참매 둥지는 능히 숲 속 제왕의 둥지답게 크기가 어마어마했다. 어찌 보면 망망대해 한가운데 우뚝 솟아 있는 섬 같기도 했다. 어미 참매가 둥지에 납작 엎드려 알을 품

둥지가 보이는 위치에 위장 텐트를 치고 그 속에서 바라본 참매 둥지의 모습이다. 둥지와 위장 텐트의 거리가 15층 아파트의 건물 사이 간격 45미터보다 먼 47미터인데도 참매 둥지는 작아 보이지 않는다.

고 있었다. 언제 알을 낳는지 보지 못해 알이 깨어날 날짜를 짐작할 수 없어 하는 수 없이 매일 아침 둥지로 올라가야 했다. 우리가 너무 가까이 가면 혹시 알 품기를 포기할까 걱정되어 47미터쯤 떨어진 곳에 위장 텐트를 마련했다. 600밀리미터 망원렌즈를 사용해도 참매가 뚜렷하게 찍히지 않을 정도로 꽤 먼 거리이지만 아쉬워도 어쩔 수 없었다. 더구나 나는 방송 팀의 위장 텐트보다 더 뒤쪽에 자리를 잡아야 했다. 나무들이 울창하여 참매 둥지를 관찰할 수 있는 사이 공간도 아주 좁았다.

　나무들 사이로 참매 둥지가 보이는 곳에 자리를 잡고 비탈진 바닥을 판판하게 고르는 일부터 시작했다. 얼기설기 나무뿌리가 얽혀 있어서 이를 잘라 내는 데 이미 땀이 흐르기 시작했다. 둥지의 참매가 놀라지 않도록 조심하느라 일은 더욱 더디기만 했다. 멀리서 벙어리뻐꾸기가 "뽕뽕" 하고 울었다. 자신들의 위장 텐트 치기를 마친 방송 팀이 도와주겠다는 것을 가뜩이나 나 때문에 불편할까 신경 쓰던 차라 애써 괜찮다고 돌려보냈다. 여유 있는 체했지만 겨우겨우 바닥을 고르고 위장 텐트를 펼쳤다. 둥지의 참매 어미는 우리를 잔뜩 경계하며 몸을 숨기기라도 하려는 듯이 납작 엎드려 있었다. 날아가 버리지 않은 것만도 다행이었다. 위장 텐트가 바람에 날아가지 않도록 단단히 붙들어 맸다. 가장자리로는 물 빠지는 통로를 만들고 나뭇가지로 위장도 했다. 비로소 참매와 내가 대면할 호젓한 공간이 마련되었다. 둥지의 참매 어미가 내려다보고 있는데 위장 텐트를 치느라 소란을 피웠으니 일단 모두 물러나기로 했다. 마음은 텐트 안에서 알을 품고 있는 참매를 찍고 싶었지만 어미 참매의 안정이 우선이므로 어쩔 수 없는 선택이었다. 우리 욕심 때문에 어미 참매가 스트레스를 받아 알 품기를 포기하면 안 되기 때문에 미련을 접고 다들 산을 내려왔다.

다음날 일찌감치 어제 설치한 위장 텐트로 향했다. 계곡의 물소리를 들으며 숲 속을 걷다 보면 숲의 모든 것이 정답고 평화롭게 다가왔다. 마른 낙엽을 밀어내고 삐죽이 고개를 내민 이름 모를 새싹도, 호기심이 많아 손에 잡힐 듯 나무 아래쪽까지 내려와 나를 빤히 쳐다보는 동고비도 반가웠다. 다람쥐가 쪼르르 달려와 인사를 했다. 두 발로 우뚝 서서는 그 큰 눈망울로 빤히 쳐다보았다. 아름다운 숲 속 풍경에 빠져서 시간 가는 줄 몰랐다. "여기서 노닥거리면 안 되지" 넋두리하듯 중얼거리며 일어나 발길을 재촉했다. 바람 소리뿐이던 숲에 갑자기 끼어든 내 발자국 소리에 놀랐는지 흰배지빠귀 한 마리가 후드득 날아갔다. 날아가는 모습이 수상쩍어 주변을 둘러보니 비탈진 곳에 비스듬히 누운 굵은 낙엽송 중간쯤에 흰배지빠귀의 둥지가 보였다. 동그란 밥그릇 모양으로 예쁘게도 만들었다. 녀석도 알을 품고 있는 듯했다. 참매 둥지에서 100여 미터밖에 떨어지지 않은 곳에 둥지를 틀다니 '참매가 그냥 놔두지 않을 텐데' 걱정을 하며 위장 텐트로 올라갔다.

참매 둥지 근처에서부터는 되도록 발자국 소리도 나지 않게 까치발을 하고 살금살금 걸어야 한다. 숨이 턱에 차올라도 헉헉거리지 말고 참아야 한다. 카메라 가방은 점점 무겁게 느껴지고 땀은 쉴 사이 없이 흘러내렸다. 어제 그 녀석인 것 같은 벙어리뻐꾸기가 "뿌웅뿡" 울어 댔다. 살금살금 위장 텐트로 다가가면서 참매 둥지로는 애써 눈길도 주지 않았다. 참매도 조용했다. 그렇지만 위장 텐트 쪽으로 가는 나를 틀림없이 쳐다보고 있을 것이다. 소리가 나지 않도록 조심스레 위장 텐트를 열고 카메라 가방을 먼저 들여 놓으며 슬쩍 둥지 쪽을 돌아보니 역시나 참매가 둥지에 앉아 꼼짝 않고 이쪽을 노려보고 있었다. 지레 찔끔하여 얼른 고개를 돌리고 텐트 속으로 잽싸게 기어 들어갔다. 참매가 심하게 경계하지 않아 다행이었다. 텐트를 출입할 때마다 가까이 날

네 개의 알을 품는 어미 참매가 한두 시간 간격으로 알을 굴려 주고 있다. 자리를 바꾸거나 위아래를 뒤집어서 어미의 따뜻한 체온이 알 전체에 골고루 퍼지도록 애쓴다.

아와 경계 소리를 내면 그처럼 괴로운 일도 없다. 은밀한 둥지를 훔쳐본다고 꾸중이라도 하는 듯 "꺅꺅꺅" 소리를 질러 대면 텐트 안에서도 온몸이 움츠러든다. 다행히 이 둥지의 참매는 그 정도로 민감하지는 않은 것 같았다. 마음을 놓으며 카메라를 펴 놓고 느긋하게 땀을 닦고 옷도 벗고 물도 한 모금 마셨다.

위장 텐트 앞쪽을 살짝 벌리고 참매의 움직임을 살펴보았다. 불안한 움직임은 없다. 납작 엎드렸던 자세도 풀고 몸도 자연스러워졌다. 다만 매서운 눈에는 잔뜩 경계하는 기색이 역력했다. 그렇게 텐트 안과 밖에서 서로를 경계하는 시간이 흘렀다. 한참이 지나서야 참매는 경계의 눈빛을 거두고 알을 굴리기도 하고 잠시 일어나 부스스 날개

어미 참매는 알을 품는 동안 먹이를 먹으러 갈 때 외에는 거의 둥지를 벗어나지 않는다. 알을 품다가 지루하면 가끔 일어나서 기지개를 펴며 몸을 풀기는 한다.

를 길게 뻗어 기지개도 켰다. 가끔은 둥지 밖을 살피며 수컷을 기다리는 몸짓도 보이고, 어떤 때는 지루한지 둥지 가장자리로 물러나서 날갯깃을 다듬기도 했다. 해가 낙엽송 꼭대기에 걸렸다. 몇 시간째 한 녀석만 쳐다보는 일이 이렇게 힘든 줄 예전에는 미처 몰랐다. 몸이 뒤틀리고 다리는 뻐근하지만 텐트가 낮아 일어설 수도 없었다. 좁은 공간에 가방과 카메라 삼각대를 펴놓았으니 마음 놓고 다리를 길게 뻗을 수조차 없었다. 그야말로 좁디좁은 단칸방에 갇힌 꼴이었다. 불편한 자세로 긴 시간을 보내다 보면 문득문득 위장 텐트를 벗어나 훌훌 털고 산을 내려갈까 하는 생각이 하루에도 수십 번씩 들었다.

"꺅꺅꺅꺅" 어디선가 들려오는 참매 수컷의 날카로운 울음소리가 정신을 번쩍 들게 했다. 둥지의 암컷이 소리 나는 쪽으로 고개를 획 돌리는가 싶더니 이내 둥지를 박차고 그곳을 향해 날아갔다. 암컷이 품고 있던 하얀 알이 드러났다. 암컷과 수컷이 만났는지 소리가 시끄럽게 뒤엉켰다. 소란도 잠시 일순 주위가 조용해졌다. '쏴아' 하고 바람만 낙엽송 사이를 빠져나갔다. 숨소리도 죽인 채 텐트 밖 동정에 귀를 기울이고 있는데 수컷이 훌쩍 둥지로 날아들었다. 조심스럽게 알 쪽으로 다가서서 한참을 내려다보다가 슬그머니 주저앉더니 알을 품었다. 알이 상할까 날카로운 발톱을 잔뜩 오므리고 발 디딜 곳을 찾는 동작이 몹시 조심스러웠지만 참으로 엉성하기 짝이 없는 자세였다. 위태롭긴 하지만 알을 품긴 품었다. 그리고는 슬며시 주변을 둘러보다가 위장 텐트 쪽을 건너다보더니 계속 째려보았다. 혹시 눈이 마주칠까 지레 뒤로 물러났다. 그렇게 20여 분이 흘렀을까, 암컷이 조용히 둥지로 들어섰다. 수컷은 기다렸다는 듯이 슬그머니 일어나서 옆으로 비켜섰다. 암컷은 그런 수컷을 흘낏 쳐다보더니 알 쪽으로 다가서서 부리로 뒤척뒤척 알을 굴렸다. 그러더니 능숙하게 몸을 좌우로 흔들어 알을 품으면서 주저앉았다. 암컷이 알을 품고 앉자 수컷은 뒤도 돌아보지 않고 날아 나갔다.

먹이를 먹으러 나간 암컷 대신 둥지에서 알을 지키던 수컷(왼쪽)은 암컷(오른쪽)이 돌아오자 슬며시 자리를 비켜 주었다.

    위장 텐트 속에 더 있어 봐야 같은 행동이 되풀이될 것이다. 미련 없이 카메라를 거둬 물러 나왔다. 둥지의 암컷이 눈치챌세라 숨도, 발소리도 죽이고 살그머니 위장 텐트 밖으로 나왔다. 곁눈으로 슬쩍 보니 암컷은 이미 몸을 납작 엎드리며 경계 자세를 취했다. 덩달아 나도 몸을 최대한 낮추고 까치발로 살금살금 둥지 근처를 벗어났다. 아마도 참매 암컷은 둥지에 앉아 멀어지는 나를 계속 쳐다보고 있었을 것이다. 둥지가 보이지 않는 곳까지 내려와서야 몸을 세우고 긴장을 풀며 발걸음도 편하게 했다. 그제서야 숲 속 풍경이 눈에 들어왔다. 산을 오를 때 만났던 동고비 녀석이 나뭇가지에 거꾸로 매달려 빤히 쳐다보았다. 나도 걸음을 멈추고 녀석이 놀라지 않게 조용히 올려다보며 인사를 건네자 이번엔 녀석이 딴청을 피웠다. 까딱까딱 하는 몸짓이 귀엽다. 내가 길을 재촉하자 동고비 녀석이 쫄쫄거리며 뒤를 따랐다. 계곡 옆 흰배지빠귀 둥지를 올려다보니 알을 품은 채 꼼짝 않고 앉아 있었다. 행여 내 발자국 소리에 놀랄까 나도 모르게 다시 까치발이 되었다. 아침에는 나를 피해 도망갔던 녀석이 조심하는 내 마음을 알았는지 그냥 둥지를 지켰다. 오후의 따뜻한 햇살이 얼굴 가득 쏟아졌다.

다음날도 아침에 참매 둥지로 갔다. 위장 텐트로 들어가 둥지를 보니 어미 참매가 어제처럼 둥지 위에 앉아 있었다. 그런데 자세가 전날과는 조금 달랐다. 약간 엉거주춤 앞가슴이 위로 들려 있다. 알이 깨어난 것일까, 순간 긴장이 되었다. 그렇게 보아서 그런지 암컷의 눈빛이 한결 부드러워진 것 같기도 했다. 아기를 안고 있는 엄마 표정 같았다. 뷰파인더를 들여다보는 마음이 급해졌다. 그때 가슴을 들썩이던 어미가 바닥에서 부리로 무엇인가를 물어 올렸다. 알껍데기였다. 드디어 새끼가 태어난 것이다. 알 껍질을 들어 올린 어미가 잠시 망설였다. 보통 맹금류의 먹잇감이 되는 새들은 새끼가 알을 깨고 나오면 알 껍질은 어미가 먹어치우거나 잽싸게 물고 나가 멀리 가져다 버린다. 둥지를 깨끗이 치우고 냄새를 없애 천적으로부터 새끼를 보호하려는 어미의 본능이다. 그런데 참매 어미는 한참을 망설이다가 결국 자신이 앉은 옆자리에 그냥 내려놓았다. 꼼짝 않고 앉은 자세로 고개만 돌려서 치운 셈이었다. 새끼의 움직임에 방해되지 않을 만큼만 살짝 한쪽으로 치워 놓았다. '알 껍질을 둥지 밖으로 치워야 할 만큼 두려운 존재는 없다.'는 숲 속의 제왕다운 자신감이 느껴졌다. 새끼의 모습은 보이지 않는데 어미가 고개를 숙이고 자기 가슴 밑을 계속해서 들여다보았다. 어미의 움직임은 매우 조심스럽고 여유로웠다. 새끼가 태어난 것이 분명했다. 새끼가 꼼지락거리는지 가끔 어미가 가슴을 들썩들썩했다. 어미가 가슴을 슬쩍 들어올리는 순간, 밤톨만 한 크기의 하얀 솜방망이 같은 새끼 얼굴이 보였다.

어미를 쳐다보는 고개가 힘겨운지 까딱까딱 곧 엎어질 것 같다. 내려다보는 어미의 눈이 그윽했다. 어미와 새끼의 첫 눈맞춤이었다. 고개를 숙여 새끼를 내려다보는 어미나 힘겹게 올려다보는 새끼나 모두 더없이 편하고 행복해 보였다. 둥지의 어미와 새끼

1	2
3	

1 어미 참매가 알껍데기를 물고 먹을까, 갖다 버릴까 고민하는 것 같더니 결국 둥지 가장자리에 그냥 던져두었다. 이 날 새끼가 세 마리가 알을 깨고 나왔다.

2 어미 참매가 막 알을 깨고 나온 새끼를 품고 있다. 맹금류답게 새끼가 깨고 나온 알껍데기를 먹거나 내다 버리지 않고 둥지 한옆으로 밀어 놓았다.

3 막 알을 깨고 나온 참매 새끼는 일어서는 것은 고사하고 고개도 잘 가누지 못한다. 그러나 태어나자마자 어미에게 먹이를 받아먹어야 하기 때문에 눈을 뜨고 깨어나는 것 같다.

가 누리는 평화롭고 행복한 순간을 감히 방해할 엄두가 나지 않아 카메라 셔터를 누르는 오른손 검지가 동작을 멈추었다. 새 생명은 사람이든 야생의 생물이든 놀랍고 신비롭다. 짧은 순간 어미와 눈을 맞추었던 새끼가 어미 품으로 파고들 때에 어미가 다시 가슴을 들썩였다. 그러고는 알 껍질 하나를 물어 옆으로 치웠다. 또 다른 생명이 태어났음이다. 어미가 품던 네 개의 알에서 차례로 새끼 세 마리가 알을 깨고 나왔다. 어미는 막 태어난 새끼들을 모두 품속에 품어 체온으로 젖은 깃털을 말려 주었다. 어미 참매의 몸짓 하나하나가 아기를 애지중지하는 엄마의 따뜻한 손길과 닮아 있다. 이리저리 가슴을 움직여 꿈틀대는 새끼들이 불편하지 않도록 애를 쓰는 모습이 역력했다. 어미는 그렇게 새끼들을 품고 꼼짝하지 않고 한나절을 보냈다.

다음날, 새끼들 모습이 궁금해서 새벽같이 둥지로 올라갔다. 갓 태어난 새끼들에게

알에서 깨어난 지 2일된 새끼가 어미 품속에서 꿈틀대며 자리를 잡고 있다.

어떻게 먹이를 먹일지 무척 궁금했다. 어제와 같은 위치에서 꼼짝 않고 새끼들을 품고 있던 어미가 위장 텐트로 가는 나를 신경질적으로 지켜보았다. 새끼를 바라보던 인자하고 부드러운 눈빛이 아니라 섬뜩하도록 날카로운 눈빛이라 마주 보기조차 주저되었다. 언제나처럼 서둘러 텐트 안으로 몸을 숨기고 숨을 골랐다. 참매 어미의 경계하는 눈빛이 계속 이쪽을 향하고 있을 테니 모든 동작을 멈춘 채 혼자 한동안 얼음땡놀이를 해야 했다. 어미가 다른 곳으로 눈길을 돌릴 때까지.

통소 소리 같은 벙어리뻐꾸기 울음소리가 멀리서 들려오고 전날은 듣지 못했던 뻐꾸기 소리도 정겹게 들려왔다. 숲을 찾는 여름 철새들이 늘고 있다. 참매는 먹잇감인 여름 철새가 속속 찾아들어 둥지를 틀고 새끼를 키우는 때에 자신의 새끼가 부화하도록 시기를 맞추었을 것이다. 먹이가 넉넉할 때에 새끼를 키우려는 슬기로운 어미의 본

태어난 지 얼마 안 되는 새끼들을 위해 아비 참매는 덩치가 큰 먹이보다는 꿩병아리꺼벙이 같은 작은 먹잇감을 주로 사냥해 온다.

1 알에서 깨어난 지 4일 된 새끼들이 배불리 먹이를 먹고는 어미 품에서 늘어지게 한잠 자고 있다.
2 어미 참매가 둥지 밖으로 나가서 아비가 잡아온 다람쥐를 받아 물고 들어왔다. 보통 먹이를 잡아온 아비는 어미를 둥지 밖으로 불러내 전달한다.

능이다. 텐트 앞쪽에 뚫어 놓은 구멍으로 둥지의 어미를 훔쳐보니 눈길이 다른 곳을 향하고 있었다. 가슴을 쓸어내리며 살금살금 카메라를 펼쳤다. 아주 천천히. 그리고 보일 듯 말듯 카메라 렌즈 앞부분을 위장 텐트 밖으로 조금씩 내밀었다. 행여 불쑥 카메라 코를 밖으로 내밀었다가는 어미 참매가 어떤 경계를 할지 모르기 때문이었다. 최대한 어미 참매가 이쪽의 움직임에 마음을 쓰지 않도록 해야 했다. 그것만이 야생의 자연스러운 모습을 제대로 살펴볼 수 있는 방법일 것이다.

어미 참매가 꼼짝 않고 새끼들을 품고 있을 때는 마치 정지 동작과 비슷해 특별히 사진 찍을 만한 모습이 없다. 그럴 때는 낙엽송 숲의 바람 소리와 멀리서 들려오는 뻐꾸기의 경쾌한 울음소리를 들으며 시간을 보냈다. 좁은 텐트 안에서 기지개도 켜고, 다리도 뻗어 보고, 허리도 두드리면서. 그렇게 3시간쯤 지났을 때 수컷의 울음소리가 들렸다. 암컷이 쫑긋 몸을 높여 소리 나는 쪽을 뚫어져라 쳐다보더니 이내 용수철이 튕기듯 둥지를 박차고 날아 나갔다. 어미의 거친 동작에 어미 품속에서 졸고 있던 새끼들이 후드득 엎어졌다. 둥지까지 직접 먹이를 가져오지 않고 둥지 밖으로 암컷을 불러내는 것을 보면 수컷은 아직 새끼들이 태어난 사실을 모르는 것일까? 수컷이 이를 알게 되면 먹이를 둥지까지 배달할까? 궁금증이 꼬리에 꼬리를 무는데, 황급히 둥지를 박차고 나갔던 어미가 이내 먹이를 물고 되돌아왔다.

둥지 가운데 옹기종기 모여 있던 새끼들은 반갑다는 듯 일제히 어미를 쳐다보았다. 알에서 깨어난 지 하루밖에 되지 않아 아직 걷지 못하는 새끼들 쪽으로 어미가 천천히 다가갔다. 어린 삼 형제는 나란히 앉아 어미가 어서 먹이를 먹여 주길 기다렸다. 어미는 새끼들에게 다가와서 먹이를 바닥에 내려놓은 뒤 발로 움켜쥐고는 날카로운 부리로 새끼들이 먹을 수 있을 만한 크기로 잘게 찢었다. 고기 조각이 어미 부리에 붙을 정도로 작았다. 어미는 먹이를 삼 형제 중 어느 한 녀석에게 먹이는 것이 아니라 나란히

먹이를 들고 새끼들 곁으로 다가간 어미가 먹이를 둥지 바닥에 내려놓고 주변을 경계하는 동안 배가 몹시 고팠는지 한 녀석이 큰 먹이를 물었다 내려놓았다.

앉아 자신을 쳐다보는 새끼들 가운데쯤으로 부리를 내밀기만 했다. 어미가 고기 조각이 붙은 부리를 내밀면 세 녀석 중 가장 빠른 놈이 낚아채 먹었다. 어미가 새끼 입에 먹이를 직접 넣어 주는 일반 새들과는 달랐다. 어미는 계속해서 먹이를 찢어 부리에 물고는 새끼들 앞으로 슬며시 내밀고, 새끼들은 서로 겨루기라도 하는 듯 잽싸게 낚아채 먹었다. 제일 빠른 녀석이 연신 먹이를 받아먹었다. 늦게 알에서 깼는지 덩치가 좀 작은 녀석은 헛방만 날렸다. 몇 시간 차이로 형과 아우가 되었지만 키 차이가 났다. 그 작은 차이가 먹이를 받아먹는 데는 큰 약점으로 작용했다.

    새끼들이 먹이를 받아먹는 모습을 찍으면서 형제간에도 힘의 논리가 작용하는 것 같아 안타까웠다. 방금 전에 먹이를 받아먹은 녀석이 이어서 또 받아먹으면 그렇게 얄

1 알에서 깬 지 23일 된 새끼들이 어미가 주는 먹이를 받아먹고 있다. 덩치가 작은 녀석(왼쪽)은 어미가 내미는 먹이를 큰 녀석들이 먼저 낚아채 먹는 바람에 잘 받아먹지 못한다.
2 덩치 작은 녀석(가운데)이 운 좋게 형제들 사이에 자리를 잡은 덕분에 어미가 내미는 먹이를 밀리지 않고 곧잘 받아먹고 있다.

1 먹이를 찢어 새끼에게 먹이던 참매 어미가 새끼들이 먹지 못하는 큰 조각을 꿀꺽 삼키는 모습을 보며 새끼들이 놀란 표정을 짓고 있다.
2 먹이를 배불리 먹은 새끼들이 어미 품속에서 쉬고 있다. 이 무렵의 어미는 새끼의 체온을 유지해서 소화를 돕기 위함인지 먹이를 먹인 뒤에는 바로 새끼들을 품는다.

미울 수가 없었다. 그런데 정작 어미는 그런 것에는 전혀 마음을 쓰지 않았다. 한 녀석만 계속 받아먹어도 먹지 못하는 녀석 쪽으로 부리를 가까이 대주거나 하지 않았다. 참으로 야속한 어미다. 맹금류의 특성상 약한 새끼를 특별히 돌보거나 배려하지 않는다. 날쌔게 먹이를 받아먹은 녀석의 모이주머니가 금세 불룩하게 부풀어 올랐다. 그러자 먹이를 받아먹는 동작이 점점 느려졌고, 그 틈을 타서 다른 녀석들이 먹이를 조금씩 더 받아먹었다. 제일 약한 녀석도 어미 발밑의 먹이가 없어질 때쯤에는 모이주머니가 불룩해졌다.

어미가 기다란 뼛조각을 새끼들에게 내밀어 보지만 크기 때문인지 아무도 받아먹지 못하고 바닥에 떨어뜨렸다. 몇 번을 반복해 주어 보지만 새끼들이 받아먹지 못하자 어미가 날름 삼켜 버렸다. 어미는 먹이의 깃털까지 깨끗이 먹어 치워 이들의 식사가 끝나자 둥지 바닥에는 아무것도 남지 않았다. 어미가 두리번거리며 먹이를 다 먹은 것을 확인하고는 새끼들을 흐뭇하게 내려다보았다. 모이주머니가 불룩해진 새끼들은 둥지 바닥에 널브러졌다. 그런 새끼들에게 어미가 슬금슬금 다가가서 가슴으로 품었다. 소란스럽던 둥지가 이내 고요해졌다. 새끼들이 잠들자 참매 어미가 텐트 쪽을 흘깃 건너다보고는 고개를 돌렸다. 셔터 소리가 거슬렸나? 어미가 먹이를 찢을 때, 부리에 붙은 고기 조각을 새끼에게 내밀 때, 새끼들이 경쟁적으로 어미 부리를 쪼아댈 때, 먹이를 차지한 녀석이 큰 고기 조각을 껄떡껄떡 힘겹게 삼킬 때……. 정신없이 셔터를 눌러 댔으니 어미 참매로서는 신경이 쓰였을 것이다. 둥지까지 47미터쯤 떨어져 있다고는 하지만 예민한 참매가 듣지 못했을 리 없다. 그렇지만 위장 텐트 쪽의 움직임을 볼 수 없어서인지 크게 경계하지는 않는 것 같았다. 배가 불러 늘어진 새끼들을 품고 앉은 어미 참매도 편안해 보였다. 새끼들이 잠들면 나도 좀 느긋해진다. 늦은 식사도 하고, 낙엽송 가지를 헤치고 둥지를 비추는 햇살에 눈길도 주며 여유롭게 쉴 수 있었다.

그때 소리도 없이 수컷이 훌쩍 둥지로 올라왔다. 기다란 마른 나뭇가지를 부리에 물고 암컷 앞에 내려섰다. 깜짝 놀라 먹던 김밥을 내려놓고 서둘러 카메라에 손을 올리며 나도 모르게 긴장을 했다. 웬일로 먹이도 아니고 나뭇가지를 물고 둥지로 들어왔을까? 물고 있던 나뭇가지를 둥지 위에 슬그머니 내려놓은 수컷은 암컷의 가슴 밑을 기웃거렸다. 암컷은 그런 수컷의 행동을 모른 체하며 딴청을 피웠다. 새끼가 알에서 깨어난 것을 이제야 눈치챈 것일까? 아마도 조금 전 암컷이 먹이를 먹지 않고 둥지로 가져가는 것을 보고 알았을지도 모르겠다. 수컷은 자식이 궁금해도 빈 몸으로는 둥지에 올라올 수 없을 정도로 암컷의 눈치를 보는가 싶어 안쓰러운 마음이 들었다. 그럼에도 암컷은 딴청을 부리며 쌀쌀맞게 수컷에게 새끼를 보여 주지 않고 가슴 밑에 품고만 있었다. 이리저리 기웃거려도 암컷이 못 본 척하자 수컷은 슬쩍 자리를 피해 둥지 위쪽

1 둥지 재료인 나뭇가지를 물고 아비 참매(오른쪽)가 둥지로 왔다. 조금 전 먹이를 잡아다 주었는데 암컷이 그 자리에서 먹지 않고 둥지로 가져가자 둥지의 변화가 궁금해서 들어온 모양이다. 수컷은 둥지로 올 때 빈손으로 오면 안 되는 것이 이들의 습성 같다.

2 수컷(오른쪽)이 자꾸만 암컷의 가슴 밑을 들여다보며 새끼들이 알에서 깨어났는지 확인하는데, 이상하게도 암컷은 새끼를 보여 주는 대신 소리만 질러 댔다. 신경 쓰지 말고 사냥이나 해 오라고 꾸짖는 것처럼.

3 옆의 나뭇가지로 올라간 아비 참매는 어미가 새끼들을 보여 주지 않자 이상하다는 표정을 짓고 있다. 암컷이 그런 수컷을 멋쩍은 듯이 쳐다보고 있다.

| 1 |
| 2 |
| 3 |

1 알에서 깨어난 지 5일째인 새끼는 걸을 수 없어서 아기들이 기어 다니듯이 날개를 팔처럼 이용해 이동한다. 시원한 곳을 찾아 자리를 옮기는 새끼를 보니 참매가 추위엔 강하나 더위에는 약한 습성이 어릴 때부터 나타나는 것 같다.

2 어미 품속에서 자던 6일 된 새끼가 날개를 손처럼 이용해 어미 등으로 오르려고 안간힘을 쓰고 있다. 이 무렵 일어서지 못하고 무릎걸음을 하는 새끼들은 몸을 가누거나 할 때 날개를 마치 손처럼 쓴다.

3 태어난 지 일주일쯤 지난 참매 새끼들은 어미 품이 더운지 자꾸 어미 품을 벗어나려 하는데 어미는 아랑곳 하지 않고 새끼들을 끌어당겨 품는다.

알에서 깬 지 18일 남짓 지나면 새끼들은 이제 어미 품이 필요 없을 만큼 자란다. 이 무렵에는 어미도 새끼들을 품지 않는다.

나뭇가지로 옮겨 앉았다. 미련을 버리지 못하고 둥지의 암컷을 내려다보았다. 둥지 주변을 한참 서성이던 수컷은 들어올 때처럼 소리 없이 훌쩍 날아가 버렸다. 세상에 나온 지 이틀 된 새끼들도 아직 아비를 만나지 못했다. 참매 새끼들은 어미가 먹여 주는 먹이를 받아먹고, 어미가 품어 주면 그 품에서 잠이 들었다.

   그렇게 일주일이 흘렀다. 참매 새끼들은 이제 제법 목에 힘이 붙어 고개를 꼿꼿하게 가눌 수 있고, 아직 두 발로 잘 서지는 못해도 무릎걸음으로 둥지 안을 이리저리 돌아다녔다. 새끼들은 하루가 다르게 무럭무럭 자랐다. 제대로 걷지 못하고 무릎걸음을 하면서도 형제들과는 서로 부리로 쪼며 티격태격했다. 10일 정도가 지나자 두 발로 일어섰고, 3주일쯤 되자 날개에 검은 깃이 돋기 시작하면서 둥지를 제멋대로 돌아다녔다. 형제들과 격하게 다투기도 하고 둥지에서 떨어질 듯 위태위태하게 둥지 안을 휘젓고 다녔다. 이 무렵 참매 새끼들은 목이 트여 먹이를 달라고 "끼아악, 끼아악." 소리도

23일쯤 되면 새끼들은 이제 제법 검은 깃털이 나오면서 날개에 힘이 붙는다. 이 무렵부터 날갯짓하는 모습을 자주 볼 수 있다.

지를 줄 알게 되었다. 4주일이 지날 때쯤에는 둥지에서 먹이를 움켜잡는 연습도 하고 제법 힘찬 날갯짓도 칠 수 있게 되었다. 한 달이 되니 하얀 깃털은 거의 사라지고 갈색 깃털이 매끄럽고 예쁘게 새로 돋아났다. 날갯짓은 더욱 힘차지고 어미가 먹이를 찢어 주지 않아도 스스로 뜯어먹을 수 있다. 날개를 퍼덕이며 둥지를 벗어났다가 되돌아오기도 하면서 어미 없이 혼자 살아갈 준비를 하는 것 같았다. 알에서 깨어난 지 불과 30~40일 만에 독립할 준비가 끝났다.

　39일 동안 녀석들을 지켜보면서 인생살이의 한 쪽을 들여다보는 것 같은 감회에 젖었던 탓인지 막내까지 모두 둥지를 떠난 다음날, 텅 빈 둥지와 마주 섰을 때의 허전하고 쓸쓸했던 기억은 지금까지도 애틋하게 가슴에 남아 있다.

1 알에서 깬 지 31일 된 새끼들은 제법 의젓한 보라매의 모습을 갖추며 둥지에서의 행동도 다양해진다. 어미가 먹이로 가져다 놓은 어치를 발로 움켜잡으면서 사냥 연습을 한다. 누가 가르쳐 주지 않아도 본능이 살아 있는 것 같다.

2 34일 된 어린 참매들은 이제 날아오르는 연습도 한다. 펄럭펄럭 날갯짓을 치면 몸이 제법 떠올라 둥지 옆 나뭇가지에 날아 내리기도 한다. 좀 늦은 녀석들은 형들의 날갯짓을 따라 하기도 한다.

3 어린 참매가 날카로운 발가락으로 먹이를 움켜쥐고 있는 모습이 제법이다. 옆의 녀석이 그 모습을 유심히 쳐다보고 있다.

4 둥지 옆 나뭇가지에 올라앉아서 날개 치는 모습을 다른 녀석이 호기심 어린 눈빛으로 쳐다보고 있다. 이들은 이제 둥지를 벗어날 만큼 자랐다.

5 알에서 깬 지 36일 된 어린 참매는 둥지보다는 밖에 있는 나뭇가지에 나앉기를 더 좋아한다. 제법 보라매의 깃털과 자세를 갖추었다.

6 이 무렵이면 참매 새끼들의 덩치는 어미만 하다. 덩치는 다 자랐어도 아직 둥지를 떠나지 않은 새끼(왼쪽)에게 어미가 먹이를 먹이고 있다. 자신의 품을 떠나기 전까지 살뜰히 보살피는 모습에서 모성이 느껴진다.

7 어린 참매가 떠난 둥지다. 둥지에서 벗어난 어린 참매들은 둥지 근방 100미터 이내에 머문다. 둥지 주변을 서성이다가 어미나 아비가 사냥해 오면 잽싸게 날아가 받아먹는다. 먹이는 새끼들이 먼저 다가와 받아가지 않으면 둥지에 갖다 놓는데 먼저 발견한 녀석이 들어와 먹는다. 새끼들의 날갯짓에 힘이 붙으면 둥지에서 멀리 떨어진 곳까지 날아가 어미나 아비가 가져올 먹이를 기다리게 되므로 새끼들은 자연스럽게 둥지를 떠나게 된다.

2006년, 우리나라에서는 처음으로 찍혀 세상에 소개된 참매 새끼다. 함께 부화된 형제를 잃고 혼자 남아서 어미를 기다리고 있는 이 녀석은 알에서 깨어난 지 18일이 되었다.

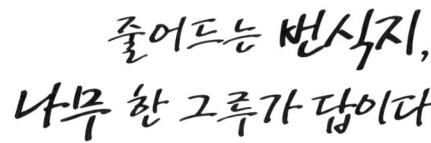
줄어드는 번식지, 나무 한 그루가 답이다

오랫동안 단란한 참매 둥지들을 살피고 사진을 찍어 오면서 처음 발견했던 2006년 둥지의 기억은 무거운 납덩이처럼 마음 속에 남아 있다. 처음 참매 둥지를 발견했던 숲에서는 한창 나무를 솎아베기하고 있었다. 참매 둥지가 있는 산등성이 너머에서는 아침부터 저녁 늦게까지 아름드리 나무를 넘기는 전기톱 소리가 넘어 왔다. 조용하던 깊은 산속에서 느닷없이 하루 종일 날카로운 기계 소리를 들어야 하는 일은 여간 고역이 아니었다. 우리가 괴로울 정도였으니 참매는 오죽 했을까 싶다. 그 둥지의 참매가 세 개의 알을 품고 있다는 것은 어렵사리 확인했는데 어찌 된 일인지 새끼는 두 마리만 깨어났다. 그나마 두 마리의 새끼 중에 한 마리는 어느 날 감쪽같이 사라져 버렸다. 그 당시에는 '은밀하고 예민한 참매는 새끼도 참 어렵게 키우는구나' 하고 무심히 넘겼다. 그런데 그 이후 매년 참매 둥지를 관찰하며 사진을 찍다 보니 알을 3개만 낳는 둥지가 없었다. 대부분 4개 아니면 5개의 알을 낳았고 그중 3마리 또는 4마리가 탈 없이 깨어나 당당한 보라매가 되어 무사히 둥지를 떠나갔다. 첫해 외에는 한 번도 알이 3개

둥지를 받치는 나뭇가지에 올라서서 힘찬 날갯짓을 치는 어린 참매는 2006년 처음 세상에 소개된 장본인이다. 알에서 깨어난 지 31일째로 힘차게 날개치기를 하는 모습으로 보아 앞으로 일주일 남짓이면 둥지를 떠날 수 있을 것이다.

1	2
3	

1 알에서 깬 지 28일 된 참매들로 어릴 때의 하얀 깃털은 빠지고 보라매의 갈색 깃털이 나기 시작했다. 이 무렵이면 먹이도 혼자 먹을 수 있다.
2 34일 된 어린 참매가 둥지에서 어미를 기다리고 있다. 제법 의젓한 보라매의 모습을 갖추었다.
3 둥지 밖으로 나들이를 다니는 어린 참매들은 알에서 깨어난 지 38일이 되었다. 하얀 깃털은 모두 빠지고 의젓한 보라매의 깃털로 바뀌었다. 앞가슴 깃털의 나뭇잎 무늬가 돋보인다.

이거나 새끼가 한 마리만 살아남은 둥지는 보지 못했다. 지나고 생각해 보니 우리나라에서 처음으로 찾았던 참매 둥지는 산 너머에서 들려오는 전기톱의 시끄러운 소리 때문에 정상적으로 알을 낳고 새끼를 키우지 못했던 것은 아닐까 하는 미안한 마음이 들었다. 다행히 한 마리 남은 새끼는 잘 자란다 싶었는데, 그 녀석도 스스로 둥지를 떠나기 전에 둥지가 반쯤 기우뚱 엎어진 상태에서 감쪽같이 사라졌다.

아침에 위장 텐트에 도착하여 기울어진 둥지를 보고 가슴이 철렁 내려앉았다. 바로 전날까지만 해도 힘차게 날갯짓을 하던 보라매의 모습도 보이지 않았다. 혹시나 둥지 아래에 떨어져 죽은 것은 아닐까 해서 샅샅이 뒤졌으나 흔적도 찾을 수 없었다. 아주 어리지도 않고 건강했던 녀석이라 날지도 못하고 곧바로 땅바닥에 처박혀 죽었을 리는 없지만 미련이 남아 찾아보았다. 그렇다고 덩치가 어미만 한 보라매를 깃털 하나 떨어뜨리지 않고 공중에서 낚아채 갈 만한 천적도 없었다. 한동안 정신을 차릴 수가 없었다. 태풍이 지나간 것도 아니고 둥지를 떠받치는 낙엽송이 상한 것도 아닌데 하룻밤 사이에 멀쩡하던 둥지만 뒤집혀 있었다. 귀신이 곡할 노릇으로, 아무리 생각해 봐도 원인을 알 수가 없었다. 모진 비바람과 태풍을 견뎌 낸 커다란 둥지가 하룻밤 사이에 기울어져 망가진 것은 누군가가 일부러 망가뜨린 것이 틀림없다. 그러나 직접 본 것도 아니고 그렇다고 무슨 흔적이 있는 것도 아니니 단언할 수는 없는 노릇이었다. 다만 아무도 알지 못했던 이 둥지에 얼마 전 어찌 알았는지 어느 방송국에서 찾아와 다큐멘터리를 제작한다며 사진을 찍어 간 일이 있었다. 그리고는 새끼가 둥지를 떠나기도 전에 일반에게 둥지가 있는 장소가 알려졌다. 처음 세상에 참매 번식을 알려 특종을 낸 김 기자나 나는 혹시 모를 사고에 대비해 둥지 위치를 철저히 비밀에 부쳤는데 어떻게 된 일인지 결국 이런 일이 벌어지고 말았다. 그렇게 조심을 했음에도 참매 번식지가 세상에 알려졌고 얼마 안 되어 둥지는 다시 쓸 수 없게 망가졌으며 그곳에서 지내던 어린 참매의 행방까지 묘연해진 것이다. 일반에 알려지고 나서 얼마 안 되어 일어난 일이니 누군가에 의해 망가졌을 것이라는 강한 의심을 아직도 떨쳐 버리지 못하고 있다. 그때의 아픈 기억 때문에 그 후로는 참매 둥지를 찍으면서도 늘 사람들 입에 오르내리지 않도록 조심 또 조심하고 있다. 그래서인지 그 후로는 단 한 번도 새끼들이 제힘으로 둥지를 떠나지 못한 적은 없었다.

깊은 숲 속에서 새끼를 키우는 참매의 천적으로는 밤에 사냥하는 수리부엉이가 있다. 이들에게 가끔 변을 당하기도 한다지만 아무래도 사람만큼 위협적이지는 않다. 사람이 가꾸어 놓은 숲에 둥지를 틀고 새끼를 키우지만, 반대로 사람이 숲을 망가뜨려 제대로 새끼를 키우지 못하는 일도 있다. 2008년도에 새끼를 잘 키워 낸 참매 둥지가 여전한지 궁금하기도 하고, 둥지에 변고가 없어 2009년에도 새끼를 키우게 되면 미리 위장 텐트를 쳐 놓을 마음으로 일찌감치 둥지를 찾았던 적이 있었다. 그런데 그해 봄에 숲을 가꾼다는 핑계로 나무를 솎아 내서 참매 둥지가 있던 낙엽송이 송두리째 사라졌다. 울창하던 숲은 낙엽송이 반쯤이나 베어져서 휑하니 변해 있었다. 온데간데없이 사라진 둥지를 찾아 훤한 하늘만 올려다볼 수밖에 없었다. 커다란 참매 둥지가 사람에 의해 또 하나 사라진 것이었다.

2010년에 소나무가 울창한 숲에 둥지를 지어 새끼 세 마리를 훌륭히 키워 낸 또 다른 둥지도 나무 솎아베기 때문에 이듬해 찾았을 때에는 흔적조차 찾을 수 없었다. 숲속이 훤히 들여다보이도록 나무를 솎아 냈으니 참매가 다시 둥지를 틀 수 없는 반쪽짜리 숲이 되고 말았다. 먹이사슬의 제일 위에 있는 참매 둥지가 이렇게 피해를 당하여 그 수가 점점 줄어들게 된다면 참매의 수도 줄어들 것이다. 결국 먹이사슬의 균형이 무너져 생태계가 혼란에 빠지게 될 것은 불을 보듯 뻔한 일이다.

낙엽송 숲은 산을 푸르게 가꾸자는 국가 정책으로 만들어진 숲이다. 우리 산은 원래 소나무 숲이 대부분이었는데 경제 가치가 별로 없다고 베어 내고 그 자리에 낙엽송을 가져다 심었다. 시간이 흘러 나무가 자라 숲이 우거지자 생각지도 않았던 참매가 와서 둥지를 틀었다.

자연에는 나름의 질서가 있다. 그런데 사람의 이득과 편의를 위하여 부득불 그 질서를 깨고 나무를 솎아 내야 한다면 최소한 야생의 동물들이 새끼를 키우는 시기만이라도 피했으면 좋겠다. 야생, 즉 자연에 대한 작은 배려가 우리 인간의 삶에도 도움이 된다는 것을 알았으면 한다. 산에 나무를 가꾸는 일은 산이라는 자연과 사람과의 관계뿐 아니라 그 속에서 살아가고 있는 야생의 동식물에게는 생사가 걸린 중요한 조건이 조성되는 일이다. 이를 무시하고 숲의 생명에 위해를 가해 건강한 먹이사슬을 무너뜨린다면 사람들도 건강한 삶을 유지하기 어렵다. 건강한 숲을 지키려면 포식자와 이들에게 먹잇감이 되는 생명들이 깃들 수 있는 공간이 확보되어야 한다. 이런 점에서도 나무 솎아베기는 매우 조심스럽게 이루어져야 할 것이다.

산새들은 둥지를 짓는 데 제각각 좋아하는 나무가 따로 있다. 참매는 높이 10여 미터 안팎의 소나무나 낙엽송을 좋아하고, 멧비둘기는 나뭇잎이 우거져 속이 잘 보이지 않는 높지도 낮지도 않은 나무를 좋아한다. 둥지가 커야 하는 까막딱따구리는 키가 큰 소나무, 전나무, 느티나무를 좋아하고 오색딱따구리는 은사시나무, 오동나무, 참나무, 밤나무를 좋아하며, 까마귀는 참매가 좋아하는 소나무나 낙엽송의 높은 곳에 자리를 잡는다. 어치는 소나무와 참나무를 좋아하고, 호랑지빠귀는 커다란 소나무, 참나무를 좋아하며, 쇠딱따구리는 고목을 즐겨 찾는다. 지빠귀들은 높지 않은 중간쯤 되는 나무를 좋아하고, 박새와 동고비는 딱따구리가 쓰다가 버린 둥지를 재사용하는 것을 좋아하며, 붉은머리오목눈이는 찔레나무, 조릿대 같이 낮게 우거진 나무를 좋아한다. 새들이 이렇게 다양한 나무를 좋아하니 숲에는 많은 나무가 있어야 한다. 작은 새들이 살기 좋아야 숲은 건강해진다. 사람들만 생각해 큰 나무만 남겨 놓고 솎아베기를 한다면 작은 생명들이 깃들 수 없어 그 숲은 살아 있는 숲이라 할 수 없다. 참매 같은 상위 포식자의 먹이가 되는 작은 새들이 새끼를 키우며 벌레를 잡아먹을 수 있어야 숲도 건

|1|2|
|3|4|

1 여름 철새인 호랑지빠귀가 높다란 나무줄기 사이에 둥지를 짓고 새끼를 키우고 있다. 훤히 드러나는 호랑지빠귀의 둥지는 참매나 새매의 사냥 대상이 되기 십상이다.

2 우리 숲에서 흔히 볼 수 있는 까마귀가 소나무 꼭대기에 둥지를 틀고 새끼를 기르고 있다. 까마귀는 매년 새로 둥지를 짓지만 이들의 묵은 둥지는 새홀리기 같은 새들이 다시 사용한다.

3 참매 둥지가 있는 근처의 울창한 숲 땅바닥에 둥지를 만든 여름 철새인 팔색조가 근처에서 잡아온 지렁이를 새끼들에게 먹이고 있다.

4 여름 철새인 꾀꼬리는 들을 끼고 있는 산의 넓은잎나무에 둥지를 틀고 새끼를 키운다. 예쁜 목소리로 노래를 들려줄 뿐 아니라 벌레를 많이 잡아먹는 유익한 새다.

1	2
3	4

1 조용한 숲 속 참나무에 어치가 둥지를 틀고 새끼들을 키우고 있다. 참매도 이 무렵에 새끼를 키우는데 가끔 어치 새끼를 산 채로 잡아와 새끼에게 먹이기도 한다.

2 '뱁새가 황새를 따라가려면 가랑이 찢어진다'는 속담으로도 친숙한 텃새인 붉은머리오목눈이는 몸집이 참새보다도 작으며 무리를 지어 생활한다. 주로 덤불이나 조릿대와 같은 떨기나무, 갈대나 잡초가 우거진 풀숲에 마른 풀과 식물 줄기를 거미줄로 단단히 엮어 밥그릇 모양으로 둥지를 튼다.

3 참매가 좋아하는 사냥감 중의 하나인 멧비둘기는 참매가 쉽게 접근하지 못하도록 사람과 차가 자주 오가는 도롯가 나무나 산길 가장자리 등에 둥지를 튼다. 새 중에 가장 엉성하게 둥지를 트는 것으로 유명한데 알이나 새끼가 빠지지 않는 게 신기할 정도다. 다 자란 새끼가 어미의 목구멍에 제 부리를 넣어 먹이를 받아먹고 있다.

4 은사시나무에 둥지를 지은 까막딱따구리천연기념물 제242호 수컷이 둥지를 떠날 때가 다 된 새끼들에게 먹이를 먹이고 있다. 텃새인 까막딱따구리도 참매의 공격으로부터 자유로울 수 없어 늘 경계를 게을리하지 않는다.

1 알에서 깨어난 지 20일 된 어린 참매가 아비가 던져 놓고 간 청설모를 먹어 보려고 들었다 놓았다 하며 실랑이를 벌이고 있다. 스스로 먹이를 찢어 먹기에는 아직 역부족인 듯싶다.

2 34일 된 새끼들에게 주려고 아비가 직접 청설모를 물고 둥지로 들어왔다. 이 무렵에는 어미가 둥지를 지키지 않아 아비가 둥지까지 먹이를 나르지만, 새끼들에게 찢어 먹이지는 않고 통째로 놓고 나간다. 새끼들은 이미 어미 없이도 먹이를 먹을 수 있다.

강하게 버틸 수 있다. 결국 숲은 크고 작은 나무가 한데 어우러져 있어야 다양한 생명이 찾아들고 건강한 숲을 이룰 수 있다. 숲이 건강해야 동식물이 모여들고 튼실한 생태계도 보존될 수 있는데, 그 시작은 나무 한 그루를 소중히 여기는 사람들 마음이다.

대부분의 새들이 그러하듯이 참매도 새끼를 키우는 봄이나 여름철에는 먹잇감을 주로 숲에서 사냥한다. 이 무렵에는 다른 새나 짐승도 숲 속에서 새끼를 키우므로 이들을 사냥하기가 쉽고, 숲의 울창함은 몸을 숨겨 매복하기에 적격이기 때문이다. 2009년에 관찰했던 참매 둥지는 그런 면에서 남달랐다.

울창한 낙엽송 숲에 둥지를 짓고 세 마리의 새끼를 키우던 참매 한 쌍이었는데, 수컷이 부지런해서 둥지에는 늘 먹이가 남아돌았다. 심지어 암컷이 새끼들에게 먹이를 먹이고 있는데 먹이를 또 가져올 때도 있었다. 둥지에 먹이가 널려 있으니까 암컷이 먹이를 둥지 밖으로 물고 나가기도 했다. 둥지를 청소하려는 것인지 둥지 밖에서 자신이 먹으려는 것인지는 알 수 없었지만, 어쨌든 이 둥지의 새끼들은 먹이 걱정은 없었다. 그런데 이 수컷은 먹이로 청설모를 곧잘 잡아왔다. 참매의 영역에 청설모가 많기도 했겠지만 우거진 숲에서 은밀히 숨어 있다가 나무 사이를 건너다니는 청설모를 사냥하는 것이 그리 어렵지 않았을 것이다. 사람 말고는 천적이 없을 것 같은 청설모도 참매의 먹잇감이 되는 것은 피할 수 없었던 모양이다. 잣을 유난히 좋아해서 잣 농사를 짓는 농가는 가을이면 어김없이 청설모와 쫓고 쫓기는 한판 전쟁이 벌어진다고 한다. 이웃과 순서를 정해 잣나무 주변을 살피기도 하고, 청솔모 포획 허가를 받아 잡기도 하지만 해마다 청설모에게 당하는 피해가 만만치 않다고 한다. 청설모를 자주 잡아오는 참매 수컷을 보면서 잣 농사를 짓는 동네 주변에 참매가 둥지를 틀 수 있는 환경을 만들어 주면 피해를 줄일 수 있지 않을까 하는 생각이 들었다. 자연의 문제는 자연 속에서 해결법을 찾는 것이 가장 건강하고 바람직하다고 믿어 의심치 않는다.

낙엽송이나 소나무 숲으로 들어가는 산길은 언제나 포근하고 편안한 기분이 들게 해 고향 같은 느낌이라 좋다. 산과 산 사이 작은 계곡을 흐르는 개울물은 삶의 무게마저 잊게 할 만큼 청겹다.

자기 영역에 여러 개의 둥지를 짓다

참매 둥지를 처음 만난 이듬해였으니 2007년 봄이었다. 이 땅에서 참매가 새끼를 키우는 모습을 그 누구보다 먼저 사진에 담았다는 흥분과 설렘보다는 곧 둥지를 떠날 수 있을 만큼 자란 보라매가 하룻밤 사이에 감쪽같이 사라진 일이 두고두고 믿기지 않아 참매 둥지를 다시 찾아갔다. 참매는 특별한 간섭이 없으면 자신의 둥지를 고쳐서 다시 사용하는 습성이 있으므로 약간의 기대를 품었던 것도 사실이었다. 그러나 다시 찾은 지난해의 참매 둥지는 이미 사용할 수 없을 정도로 심하게 망가져 있었다. 설혹 사용할 만하다고 해도 참매는 누군가에게 조금이라도 간섭을 받은 둥지는 포기해 버린다는 사실을 그때는 몰랐다. 지난해에 쓰던 둥지를 수리해 쓰는 습성이 있으니 망가진 둥지도 고쳐서 다시 사용하지 않을까 하는 기대만이 있었다. 설혹 망가진 둥지는 쓰지 않아도 그 근처에 다시 둥지를 틀지 않을까 하는 막연한 희망을 품고 산에 올랐다.

산언저리에 차를 세워 두고 산길을 따라 산으로 접어들면 계곡이라 부르기조차 민망한 개울을 옆으로 보면서 산을 오르게 된다. 참매 둥지를 찾아나섰다는 사실도 잠시 잊

참매 둥지가 있는 숲에서 흔히 볼 수 있는 어치는 영리하고 호기심도 많아 사람이 지나가면 가까이 다가오기도 한다. 다른 새의 울음소리를 흉내 내는 것이 특기다.

  고 나도 모르게 바짝 마른 낙엽을 밟는 소리, 졸졸 흐르는 개울물 소리와 골짜기를 따라 불어오는 바람에 실려온 봄내음에 빠져들었다. 여기저기서 들려오는 새들의 지저귐은 감미로운 음악 못지않았다. 봄기운 가득한 숲 속 풍경에 젖어 유유자적 걸었다. 급할 게 없다. 개울을 뒤로 하고 가파른 산등성이를 올라서니 수줍은 새색시의 입술처럼 붉은 진달래가 발길을 멈춰 세웠다. 숨은 가쁘지만 힘든 줄 몰랐다. 내 발자국 소리가 궁금했는지 어치 한 마리가 손을 뻗으면 잡힐 듯 가까이까지 다가와 능청을 떨며 도망가지 않았다. 산등성이로 올라서니 기다렸다는 듯 봄바람이 시원하게 불어닥친다. 소나무 향이 실려 왔다. 박새 한 마리가 둥지 재료를 찾는지 여기저기 기웃거렸다.
  참매 둥지에 가까워질수록 나도 모르게 조바심이 났다. 그러나 마음과는 달리 길도 없는 깊은 숲에 있던 둥지를 바로 찾지 못해서 한참을 헤매고 다녔다. 혹시나 싶어 발자국 소리까지 조심하려니까 힘이 더 들었다. 잠시 걸음을 멈추고 심호흡을 했다. '분명 이 근처였는데……' 참매는 보통 산꼭대기에서 아래로 5~8부 정도의 안부_{산의 능선이 말안장 모양으로 움푹 들어간 부분}에 바람도 많이 타지 않고 햇볕이 잘 드는 곳에 둥지를 트는데 영 눈에 띄질 않았다. 그때 언뜻 올려다본 그곳에 지난해 둥지가 있었다. 이미 바닥 쪽으로 기울어질 대로 기울어 위태롭게 나뭇가지에 걸려 있었다. 저 큰 둥지를 도대체 누가 저렇게 망가뜨렸을까? 둥지의 몰골이 참매가 돌아오지 않았음을 말해 주었다. 보통 맹금류는 자기 영역이 있으므로 혹시 근처 어딘가에 다른 둥지를 틀었을지도 모를 일이었다. 잠시 숨을 고르며 쉰 뒤 새 둥지를 찾아 나섰다.

  막상 호기롭게 출발은 했지만 망망대해에 홀로 남겨진 듯 막막하고 머릿속은 복잡했다. 그때부터는 모래에 떨어진 바늘을 찾는 심정으로 참매 둥지를 찾았다. 둥지 너머의 산등성이를 돌아 또 다른 낙엽송 숲으로 들어갔다. 지난해 둥지에서 산 하나를 넘었다. 나무 솎아베기를 한 소나무 숲은 치우지 않아 널브러져 있는 나뭇가지와 정리되지 않은 그루터기들로 흉물스러웠다. 솎아베기한 나뭇가지 더미 사이로 여린 진달래가 고개를 내밀고, 바람에 낙엽송이 흔들흔들 춤을 췄다. 숲을 오르내리며 낙엽송 위에 참매 둥지가 있는지 살폈다. 무엇 눈에는 무엇만 보인다고 머릿속에 온통 참매 둥지뿐이니 시커먼 물체는 다 참매 둥지로 보였다. 참매 둥지를 찾아 가파른 산등성이를 여러 번 오르내리다 산꼭대기에 이르러 걸음을 멈추고 땀을 닦았다. 이제 어디로 가야 하나 망설이며 두리번거리는데 둥지 하나가 보였다. 산꼭대기 바로 옆에 소나무 몇 그루가 서 있는데 그중 가장 큰 나무 위에 둥지가 있었다. '설마 저게 참매 둥지는 아니겠지.' 반신반의하며 가까이 다가가 보니 맹금류 둥지 같기는 했다. 참매 둥지라 하기엔 조금 작지만 일단 기다려 보기로 했다. 둥지에서 멀리 떨어진 나뭇등걸에 몸을 숨기고 앉아 쌍안경을 눈으로 가져갔다. 겨울의 부스러기가 남아 있는 4월의 산속은 옷깃을

낙엽송 숲 소나무 위에서 찾은 참매 둥지는 지난해에 만들어 놓은 둥지 위에 새 나뭇가지를 얹어 수리했다는 것을 한 눈에 알아볼 수 있었다. 이 둥지는 최소 두 번째 사용하는 것이다.

여밀 정도로 으스스했다.

 나무 사이로 가물거리는 둥지에서 한시도 눈을 뗄 수가 없었다. 참매는 알을 낳기 전까지 들락거리며 둥지를 다듬는 습성이 있어서 언제 소리 없이 다녀갈지 모르기 때문이었다. 촉각을 곤두세우고 기다리기를 두 시간여. 시커먼 비행 물체가 사뿐히 둥지에 내려앉았다. 아, 참매 어미 새다. 마른 나뭇가지를 물고 들어와서는 두리번거리며 둘레를 경계했다. 깜짝 놀랄 만큼 반가우면서도 소름이 돋았다. 녀석이 내가 있는 쪽을 흘깃 쳐다보았다. 급히 나무 뒤로 몸을 숨겼다. 숨이 멎는 것 같았다. 들키면 안 되는데……. 다행히 참매는 물고 온 나뭇가지를 둥지 가운데에 내려놓고는 부리로 콕콕 찍어 자리를 잡았다. 그러고는 오목하게 들어간 알 낳을 자리에 앉아 보기도 하고 몸을 빙글빙글 돌리며 자리를 바꿔 보기도 했다. 두리번거리며 둥지 주변을 살피더니 가장자리로 풀쩍 뛰어올라 꼬리를 이리저리 툭

아직 알을 낳지 않은 빈 둥지에 참매 암컷이 올라왔다. 알 낳을 자리까지 다 마련이 된 듯 더는 손질하지 않았다. 참매 암컷은 오랫동안 빈 둥지를 지키고 서 있었다.

툭 털고는 소리 없이 날아 나갔다. 드디어 참매 둥지를 찾았다. 산꼭대기에 있는 산길에서 30여 미터밖에 떨어져 있지 않아 사진 찍기에도 편할 것 같았다.

참매가 떠나자마자 둥지가 잘 보이면서 사진을 찍을 수 있는 곳이 어디인지 사방을 둘러보았다. 불행히도 나물이나 버섯을 캐러 올라오는 동네 사람이나 산짐승을 쫓는 사냥꾼들이 다니는 산길 외에는 둥지가 잘 보이지 않았다. 어쩔 수 없이 위장 텐트를 산등성이에 쳐야 했다. 아직은 지나다니는 사람이 뜸하지만 곧 산나물 철이 되면 마을 사람들의 통행이 빈번해질 테니 참매나 나나 난감한 일이 아닐 수 없다. 이런 사실을 모른 것을 보면 아무래도 둥지의 주인은 경험이 적은 어린 녀석인 것 같다. 둥지 상태로 보면 아직 짓고 있는 중인 것 같은데 어쩐지 불안한 마음을 떨쳐 버릴 수가 없었다. 사람들 방해만 없다면 나는 사진 찍기에 편한 곳이지만 은밀하고 조심스런 습성을 가

참매는 제 둥지가 있는 숲에서는 둥지 높이에 맞추어, 둥지가 잘 보이는 곳에 자리를 잡고 앉는 버릇이 있다.

진 참매의 둥지로는 썩 좋은 장소는 아니었다. 이미 참매가 자리를 잡았으니 다른 방법은 없었다. 참매가 보지 않을 때 얼른 텐트를 쳐 놓을 요량으로 부랴부랴 산을 내려가 위장 텐트를 챙겨 왔다. 다행히 평평한 곳이 있어서 참매에게 들키지 않고 금방 끝낼 수 있었다. 텐트를 쳐 놓고 나니 예쁜 참매 새끼들을 또 볼 수 있다는 기대에 살짝 흥분이 되었다. 이제 물러나 참매가 낯선 위장 텐트에 적응하도록 시간을 주면 된다. 그동안에는 둥지 근처엔 얼씬도 말아야 한다. 어미 참매가 알을 낳고 품는 동안에도 가능한 한 훼방을 놓으면 안 되니까 며칠에 한 번씩만 살펴봐야겠다고 생각하며 산을 내려왔다. 그날 이후 사흘을 꼬박 기다렸다가 둥지를 찾았다.

새벽안개를 뚫고 산에 오르는 동안 이런저런 생각으로 머릿속이 복잡했다. 둥지 가까이에는 얼씬도 하지 않은 며칠 동안 참매는 위장 텐트에 적응을 했을까, 아니면 둥지를 포기하고 다른 곳으로 가 버렸을까, 이제 둥지는 완성되었을까, 알 낳을 준비를

성질이 까다롭고 예민한 참매도 알을 낳거나 품고 있을 때는 둥지나 둥지가 있는 나무로 직접 올라오거나 건드리지만 않으면 꼼짝 않고 납작 엎드려 있을 뿐 둥지를 떠나지는 않는다.

끝냈을까, 참매는 지난해 만났던 망가진 둥지의 그 녀석일까, 아니면 다른 참매일까? 여러 가지 궁금증이 꼬리를 물고 이어졌다. 무심코 밟은 썩은 나뭇가지가 "우지직" 소리를 내며 조용한 새벽 숲을 깨웠다. 참매도 들었을 것이다. 조심스런 마음에 이내 발걸음이 느려졌다. 멀리 위장 텐트가 보이는 곳부터 둥지 쪽은 쳐다보지도 못하고 까치발로 걸어가 재빨리 몸을 엉거주춤 구부려 텐트 속으로 들이밀었다. 둥지가 조용하다. 사람이 다가왔는데 아무런 기척이 없다. 참매가 둥지에 없는 것일까?

가쁜 숨을 고른 뒤 텐트 앞의 작은 구멍을 들추고 살짝 둥지를 올려다보았다. 참매는 둥지에 앉아 있었다. 매서운 눈빛을 텐트 쪽으로 고정시킨 채. 참매의 카리스마에 그만 움찔했다. 텐트 안에 있는 내가 보이지는 않을 테니 그저 커다란 위장 텐트를 경계하는 것일 텐데 도둑이 제 발 절인다고 냉큼 시선을 피했다. 일단 참매가 위장 텐트에 적응한 것 같다. 산의 생김새와 둥지 위치 때문에 어쩔 수 없이 둥지와 위장 텐트 사이의 거리가 20여 미터에 불과했다. 너무 가깝다. 내가 느낄 정도인데 참매는 어떨까 생각하니 불길한 생각을 떨칠 수가 없었다. 기침은 고사하고 몸도 마음대로 움직이기 곤란한 거리였다. 참매가 둥지를 떠나지 않은 것이 그나마 좋은 징조라고 스스로를 다독였다. 첫날이니 카메라 없이 쌍안경만 들고 참매의 움직임을 살펴보기로 했다. 둥지의 참매는 마치 나무토막처럼 꼼짝 않고 앉아 있었다. 앉아 있는 자세가 가슴은 들리고 꼬리가 낮은 것으로 보아 알을 낳고 있는 것 같았다. 그럼에도 여전히 텐트를 향한 경계는 늦추지 않았다. 사흘 전보다 둥지 위에는 나뭇가지가 더 쌓인 듯 보였다.

참매와 10분이 넘게 서로의 눈치를 살피며 얼음땡놀이를 했다. 참매가 움직이면 눈치를 보아 나도 그만 돌아가려고 하는데 움직일 기색이 전혀 없었다. 둥지와 텐트 사이에 커다란 나무들이 장승처럼 버티고 서 있어서 둥지 쪽에서는 위장 텐트가 거의 보이지 않을 텐데도 참매는 경계를 늦추지 않았다. 사람이 나타났다가 텐트 쪽으로 사라졌으니 당연한 경계일 것이다. 그러니 움직이면 안 된다. 아침 해가 산 위로 올라오면서 텐트에도 햇빛이 들어왔다. 바닥이 평탄치 않아 엉덩이가 불편해서 참매 눈치를 보며 슬쩍 꼼지락거렸다. 참매와 눈싸움하는 자세로 1시간 가까이 흘렀지만 참매는 여전히 그 자세 그대로였다. 참으로 대단한 녀석이다. 참매의 움직임을 확인했으니 이제 산을 내려가도 되는데 저렇게 노려보고 있는 녀석을 자극하면서까지 몸을 드러낼 수는 없었다. 참아야 한다. 기회가 올 것이다.

"꺅꺅꺅!" 둥지 뒤쪽 먼 곳에서 날카롭고 낮은 수컷의 울음소리가 들려왔다. 둥지에 앉아 얼음땡놀이를 하던 녀석이 두리번거리며 뒤쪽을 살피더니 용수철이 튕기듯 밖으로 날아 나갔다. 수컷을 만났는지 잠시 "끽끽, 끽끽!" 두 녀석의 소리가 섞이더니 이내 조용해졌다. 나무가 울창해서 참매들의 모습은 보이지 않았다. 답답하지만 소리로 상황을 가늠할 수밖에 없었다. 그때 나뭇가지를 입에 문 수컷이 소리 없이 둥지로 훌쩍

암컷이 둥지 밖으로 나가 먹이를 먹는 동안 수컷이 둥지로 들어와 앉아 있다.

날아 들어왔다. 나뭇가지를 둥지에 내려놓더니 부리로 콕콕 찍어 움직이지 않도록 둥지 가장자리에 박아 넣었다. 그러고는 둥지 가운데 주저앉아서 빙빙 돌면서 알 낳을 자리를 다독이는 동작을 했다. 암컷만 알 낳을 자리를 다듬는 줄 알았는데 수컷도 하는 짓이 꽤 자연스러웠다. 본능은 어쩔 수 없는 것 같다. 수컷이 둥지를 다듬고 있는데 암컷이 "끼아악! 끼아악!" 하고 소리를 질렀다. 마치 새끼들이 먹이를 달라고 내는 소리 같았다. 수컷은 조금도 망설이지 않고 재빨리 암컷에게로 날아갔다. 이어서 암컷과 수컷이 함께 내는 짝짓기의 묘한 소리가 어우러져 들려왔다. 짝짓기 소리가 멈추더니 암컷이 둥지로 돌아왔다. 둥지에 들어와서는 슬쩍 텐트 쪽을 다시 쳐다보았다. 앉지도 않고 선 채로. 그런 참매의 눈치를 살피느라 나도 모르게 숨소리까지 죽였다. 3~5분. 또 얼음땡 자세를 취하고 있더니 아무 일 없다는 듯 슬며시 둥지에 앉았다. 역

알을 낳아 품고 부화된 새끼를 둥지에서 지키는 일은 암컷의 몫이기 때문에 둥지에서는 수컷보다 암컷이 예민하게 경계를 하는 것 같다.

시 알 낳는 자세였다. 이번엔 고개도 다른 곳으로 돌렸다. 옳다구나 싶어서 들어올 때처럼 까치발을 하고 살금살금 뒤돌아 산을 내려왔다.

내려오는 길에 산을 오르는 아주머니들과 마주쳤다. 산나물을 뜯으러 가는 행색이었다. 예상은 하고 있었지만 막상 산을 오르는 사람들과 만나니 난감하기 짝이 없었다. 그렇다고 참매 둥지가 있으니 오르지 말라고 막을 수도 없는 노릇이고. 참매가 오가는 사람들 때문에 스트레스를 많이 받지 않기를 바랄 뿐이었다. 지푸라기라도 잡는 심정으로 길을 막아서서 아주머니들에게 위장 텐트를 치게 된 사정을 이야기하고 참매를 방해하지 않도록 부탁했다. 큰 걱정을 안고 산을 내려왔지만 이런저런 사정으로 사흘 동안 산을 찾지 못했다.

어둑한 숲 속의 참매 둥지는 그대로 있었다. 그런데 참매의 모습이 보이지 않았다. 자꾸만 좋지 않은 쪽으로 생각이 갔다. 설마 둥지를 포기한 것일까? 일단 기다려 보기로 했다. 약속도 없이 떠난 사람을 기다리는 간절한 심정을 알 것 같았다. 기대와 우려로 복잡해진 마음을 겨우 진정시키고 있는데 산 아래에서 두런두런하는 말소리가 올라왔다. 산나물을 뜯는 사람들인 것 같았다. 나 혼자만 텐트 속에 들어앉아 보이지 않으면 무슨 소용이 있겠는가? 바보 같은 상황에 황당할 뿐이었다. 무심코 산을 올라오던 사람들이 위장 텐트를 보고는 한마디씩 던졌고 '새를 찍고 있다'는 간단한 답변으로 그들을 돌려보냈다. 아주머니들의 어지러운 발소리가 멀어지자 숲은 다시 조용해졌다. 아침 내내 빈 둥지를 지켜보았지만 참매는 끝내 나타나지 않았다. 수십 번도 더 산을 내려가고 싶었지만 확실하게 확인하지 않으면 두고두고 후회할 것 같아 하루 종일 꼼짝 않고 기다렸다. 해가 서쪽 산으로 넘어가 이제 숲은 어둑어둑해졌다. 더 기다린다고 해서 달라질 일이 아니었다. 참매가 둥지를 포기한 것이 틀림없다. 위장 텐트를 거두어 산을 내려오면서도 미련이 남아 자꾸만 돌아보았다. 참매가 둥지를 포기했다는 사실이 믿기지 않았다.

일주일 뒤 둥지에 미련이 남아 다시 산을 올라 멀리서 살펴보았으나 둥지는 비었고 참매는 보이지 않았다. 아쉽고 안타까운 마음에 근처 낙엽송 숲을 찾았다. 산등성이에서 한참을 내려간 곳에 울창한 낙엽송 숲이 보였다. 참매가 포기하고 떠난 둥지에서 불과 100여 미터 정도 거리이지만 사람 발길이 닿지 않아 길도 없다. 빈 둥지에 대한 아쉬움이나 달래 보자는 마음으로 큰 기대 없이 숲으로 들어가 여기저기 둘러보았다. 하늘을 찌를 듯 곧게 솟은 낙엽송들의 시원한 자태만으로도 아쉬운 마음이 달래졌다. 내 발소리에 호기심이 동해 나왔는지 동고비 한 마리가 나무에 거꾸로 매달려 나를 보고

산속의 발발이 동고비는 사람이 가까이 다가가도 별로 겁을 내거나 두려워하지 않는다. 종종거리고 따라오는 모습이 귀엽기만 하다.

있었다. '참매도 저 녀석처럼 가까이 다가오면 좋으련만……' 하고 혼자 중얼거리다 피식 웃고 말았다. 앙증맞은 동고비와 한참을 앞서거니 뒤서거니 하며 숲을 둘러보았다.

"참매 둥지다!"

빽빽히 들어선 낙엽송 사이로 높은 곳에 매달린 널따랗고 시커먼 방석 같은 둥지가 눈에 띄었다. 참매 둥지를 볼 때마다 넓은 강 한가운데 불쑥 솟아 있는 모래섬이 떠오른다. 감상은 잠시, 급히 쌍안경을 찾아 살펴보니 참매 둥지가 맞았다. 지난해 둥지를 틀었던 곳에서 참매가 포기한 둥지까지는 약 200여 미터, 그곳에서 다시 100여 미터 떨어진 곳에 또 다른 둥지가 있었다. 참매의 영역을 감안해 보면 산등성이의 둥지를 포기한 녀석의 또 다른 둥지일 확률이 높았다. 참매는 보통 자신의 영역에 2~3개의 둥지를 만들어 놓는 습성이 있으니까. 정말 다행이다 싶었다. 산등성이의 둥지는 사람들의 통행이 잦아지자 포기했을 것이다. 그들의 사진을 찍어야 하는 나로서도 잘된 일이

참매의 알은 푸른 기운이 살짝 도는 흰색이며, 무게는 평균 56그램, 크기는 57×45밀리미터로 달걀보다는 작지만 생각보다 큰 편이다.

다. 나나 참매나 사람들의 방해를 받지 않고 마음 편히 새끼들을 찍고 키울 수 있을 테니 말이다. 줄곧 나를 따르던 동고비가 보이지 않았다. 행운을 가져다준 동고비, 땡큐!

그 길로 산을 내려가 위장 텐트를 챙겨 다시 둥지가 있는 곳으로 올라왔다. 둥지가 훤히 내려다보이는 곳을 찾아 헤맸다. 둥지가 있는 낙엽송보다 높은 산등성이에서 둥지 속이 들여다보이는 장소를 찾았다. 둥지까지의 거리도 50여 미터로 딱 좋았다. 이 정도면 참매도 예민하게 경계하지 않을 것이다. 어미 참매는 보이지 않고 둥지에는 네 개의 알만 가지런히 놓여 있었다. 커다랗고 하얀 알이 눈부시다. 틀림없는 참매의 알이다. 지난해 참매 둥지를 처음 발견했을 때보다 더 흥분되었다. 산등성이의 둥지를 포기하고 이곳으로 내려와 약 열흘 사이에 알 4개를 낳은 것이다. 아마도 자신의 영역에 미리 둥지들을 만들어 놓고 번갈아 사용했던 것인지도 모르겠다. 혹시 또 모를 일에 대비해서. 참매가 돌아오기 전에 서둘러 위장 텐트를 치고는 산을 내려왔다.

참매 암컷 대신 둥지의 알을 품던 수컷이 암컷을 기다리는 것이 지루했던지 하품을 하고 있다. 둥지에 들어온 지 겨우 30분쯤 지났다.

어미 참매, 알 품기를 포기하다

그해 네 개의 알에서 새끼 세 마리가 깨어났다. 건강하게 잘 자라서 7월 말쯤 모두 무사히 둥지를 떠났다. 사람을 피해 조용한 숲 속에 둥지를 틀 때까지 우여곡절은 있었지만 어미 참매는 제 할 일을 훌륭하게 해 냈다. 대부분의 참매가 그렇듯이 이 둥지의 참매 부부도 하루 종일 암컷이 알을 품었다. 수컷은 암컷이 먹이를 먹기 위해 둥지를 비울 때만 잠깐씩 알을 품었다. 둥지 밖에서 암컷에게 먹이를 전해 주고는 빈 둥지로 슬며시 들어와 어미를 대신했다. 정작 알을 품는 시간은 20~30분 남짓으로, 알을 품었다기보다는 알을 보호하고 지키는 정도라고 해야 할 것 같았다. 결국 먹이를 먹는 시간 외에는 줄곧 암컷이 알을 품었다. 수컷도 제가 할 일을 너무나 잘 알고 있어서 알을 낳고 새끼를 키우는 내내 빈틈이 없었다. 둥지를 지을 때에도 먹이를 잡아 와서 암컷에게 전해 주고는 암컷이 먹이를 먹는 동안 둥지로 들어와 둥지도 정비하고 알 낳을 자리도 배를 깔고 비벼서 암컷이 편안하게 알을 낳을 수 있도록 살뜰히 도와주었다. 본능인지는 모르겠지만 가부장적인 아빠들은 이 참매 수컷에게 좀 배워야 할 것 같다.

이듬해인 2008년에는 참매 둥지 두 군데를 찍었다. 둥지 하나는 새끼들이 모두 아무 탈 없이 잘 자라서 둥지를 떠났는데 다른 둥지는 그렇지 못했다. 그 참매도 낙엽송 숲에 둥지를 틀었는데 둥지의 크기로 보아 새로 만든 첫해의 둥지는 아닌 것 같았다. 둥지는 매우 튼튼해 보였고 조용한 낙엽송 숲의 가운데에 있어서 바람도 많이 타지 않아 위치도 좋은 편이었다. 둥지를 찾았을 때는 이미 네 개의 알을 낳은 후였다. 둥지에서 약 40여 미터 정도 떨어진 곳에 위장 텐트를 쳤다. 다행히 이 둥지의 참매 부부는 민감하게 경계하지 않아서 관찰 내내 마음이 편했다. 아침에 위장 텐트로 들어갈 때조차 한 번도 경계 소리를 듣지 않았다. 참매 암컷이 알을 품고 있을 때에 텐트로 들어갈 경우도 있었는데 암컷은 멀뚱히 쳐다만 보았다. 해마다 참매 둥지를 찍으면서 참매마다 성격이 다르다는 것을 느꼈다. 이 참매는 정말 순한 녀석으로, 나이가 좀 있는 노련한 참매 같았다.

참매는 눈두덩이의 굵기와 눈썹선이 선명하고 확실한가, 그리고 옆으로 난 가슴깃털의 줄무늬가 넓은지 아니면 좁은지를 살펴보면 나이를 짐작할 수 있다. 줄무늬가 좁고 가늘수록 나이 든 참매다. 순한 암컷은 알을 순조롭게 품는 듯 보였다. 하루 종일 둥지를 지키는 암컷은 한 시간쯤 꼼짝 않고 알을 품었다. 한 시간여가 지나면 슬그머니 일어나서 둥지 가장자리에 서서 기지개도 켜고 깃털도 다듬으며 몸을 풀었다. 그러고는 다시 둥지 가운데로 가서 부리로 알을 여러 번 이리저리 굴리고는 가슴깃털을 부풀려서 조심스럽게 또 알을 품었다. 약 한 시간 간격으로 알을 품다가 일어나서 몸을 풀고 다시 알을 품는 똑같은 일상을 반복했다. 산길이 가까이에 없어 사람의 왕래가 적은 숲은 언제나 조용하고 편안했다. 하루에 두세 번 먹이를 가져온 수컷이 부르면 나가서 받아먹고는 바로 둥지로 들어왔다. 그 사이 수컷은 둥지에 들어와서 잠깐씩 알을 품어 주었다.

알을 품을 때 참매 암컷의 하루는 종일 둥지를 지키며 알을 품는 것이다. 알을 품다가 지치면 하품도 하고 간간이 둥지 가장자리에서 깃털을 고르며 몸을 풀기도 한다.

    대부분의 수컷은 암컷이 먹이를 먹고 돌아오면 냉큼 둥지를 내주고는 밖으로 나갔다. 그런데 이 수컷은 암컷이 먹이를 먹고 둥지로 돌아와도 자리를 비켜 주지 않았다. "꺅꺅꺅꺅" 암컷이 소리를 지르며 비키라고 위협을 하듯 수컷에게 바짝 다가서도 어찌된 일인지 수컷은 요지부동이었다. 한술 더 떠서 앉은 채로 암컷의 발목을 지그시 물며 "조금 더 품고 있으면 안 돼?" 하는 것처럼 애교스런 몸짓까지 했다. 이런 수컷을 당황스럽게 내려다보던 암컷이 하는 수 없이 둥지 밖으로 나갔다. 5분도 채 되기 전에 암컷은 나무껍질을 입에 물고 둥지로 돌아왔다. 무슨 뜻인지는 모르겠으나 나무껍질을 수컷 앞에 내려놓고는 "꺅꺅꺅꺅!" 소리를 질렀다. 암컷의 배가 불룩한 것을 보니 먹이를 배불리 먹은 것이 분명한데 수컷이 자리를 피해 주지 않아 몸이 달았다.

둥지에 앉아 알을 품던 수컷(오른쪽)이 암컷(왼쪽)이 들어와도 자리를 비켜 주지 않자 암컷이 비키라고 소리를 질러 보지만 수컷은 암컷의 다리를 물며 애교를 떨면서 비킬 생각이 없다. 수컷의 행동에 암컷이 몹시 당황해 하고 있다.

그렇게 한참 신경전을 벌인 후에도 수컷은 미련이 남는 듯 뒤를 돌아보며 마지못해 둥지를 떠났다. 이후에도 수컷은 같은 행동을 되풀이했다. 한 번도 자리를 순순하게 비켜주지 않았다. 수컷이 왜 그렇게 알 품기를 고집하는지 알 수가 없었다. 그렇다고 암컷의 먹이를 사냥해 오는 일을 게을리하지도 않았다. 보통 아침저녁으로 두 번은 기본이고 어떤 날은 세 번을 가져오기도 했다.

지나치게 성실한 수컷이 탈이었을까? 그날도 아침 일찍 산에 올랐는데 암컷은 보이지 않고 둥지에 알만 덩그러니 놓여 있었다. 먹이를 먹으러 나갔으려니 하고 텐트로 들어가 준비를 하고 기다렸지만 암컷이 나타나지 않았다. 1시간이 흘렀다. 무언가 이상하다는 생각이 들었다. 2시간이 흘렀지만 암컷은 끝내 나타나지 않았다. 둥지가 비었으니 어치란 녀석이 알을 훼손시킬까, 아니면 다른 훼방꾼이 나타날까 걱정이 앞섰다. 점점 걱정은 불길한 생각으로 기울고 불안감이 커지면서 초조해졌다. 느긋하게 앉아서 둥지를 쳐다보던 자세가 나도 모르게 텐트 앞쪽으로 바짝 다가앉게 되었다. 둥지 한 번 보고, 둥지 주변 한 번 휘돌아보면서 애타게 암컷을 기다리고 있는데 수컷이 훌쩍 둥지로 날아들었다. 수컷은 덩치가 작고 날씬해서 금방 구분이 될 뿐 아니라 암컷보다 흰 눈썹선도 약간 가늘다. 빈손으로 둥지에 들어온 수컷이 두리번거리며 암컷을 찾는 것 같았다. 보통 수컷은 암컷의 먹이를 들고 오면 둥지 밖에서 불러내는데, 이 녀석은 어떻게 소리도 없이 둥지에 들어왔을까? 수컷은 한참을 두리번거리며 암컷을 찾다가 알을 쳐다보더니 슬그머니 주저앉아 품기 시작했다. 암컷처럼 1시간 이상 꾸준히 알을 품지 못하고, 20~30분 정도 알을 품었다가 일어나 둥지 가장자리를 서성이다 다시 돌아와 알을 품곤 했다. 그러면서도 암컷을 찾는 듯 계속 두리번거렸다. 수컷이 1시간가량 둥지를 지켰을 즈음 암컷이 훌쩍 나타났다. 암컷이 둥지에 내려앉자마자 수컷은 슬그머니 일어나 옆으로 피해 주었다, 마치 기다렸다는 듯이. 암컷은 그런 수컷을 한 번

빈 둥지로 들어온 수컷이 암컷을 찾는 듯 사방을 두리번거리고 있다. 이 둥지의 참매 수컷이 알 품기를 왜 그렇게 고집했는지는 끝내 알 수 없었다. 그러나 암컷은 결국 둥지를 떠나 돌아오지 않았고, 수컷은 가슴깃털을 뽑아 포란반을 만들 줄 모르기 때문에 둥지의 알은 끝내 깨어나지 못했다.

박새가 제 둥지의 알 낳을 자리에 깔아 놓을 부드러운 깃털을 찾아 겁도 없이 참매 둥지를 찾아왔다.

　힐끗 쳐다보더니 알 있는 쪽으로 다가서서 부리로 능숙하게 알을 굴려 고른 뒤 몸을 부르르 떨면서 가슴깃털을 부풀려 넙죽 알을 품었다. 수컷은 어느새 날아가고 없었다. 둥지에 알이 있는데 몇 시간씩 둥지를 비우는 어미를 본 적이 없어 몹시 걱정이 되었다. 일정한 온도를 유지해야 하는 알이 혹시 잘못되지는 않았을까? 그래도 어미가 알을 품고 있는 모습을 보니 안심이 되었다.

　해가 머리 위까지 솟았다. 암컷이 알을 품은 지 1시간쯤 지났다. 암컷이 둥지에서 일어나더니 날개를 펴며 기지개를 켰다. 깃털을 고르면서 둥지 둘레를 두리번거리며 살폈다. 한참을 몸단장하던 암컷이 또 훌쩍 둥지를 날아 나갔다. 수컷의 소리가 들리지 않았으니 먹이를 먹으러 나간 것은 아닐 텐데 알만 남겨 두고 무슨 볼일을 보러 나간 것인지……. 그 모습을 내내 지켜보아야 하는 내 마음만 타들어 갔다. 겁도 없이 박새 한 마리가 까딱거리며 참매 둥지에 내려앉아 하얀 깃털을 물고 날아갔다. 아마 박새도 한창 둥지에 알 낳을 자리를 만들고 있는 모양이다. 조용한 숲 속에 바람 소리만 가득하고 어미가 없는 참매 둥지의 알은 유난히 커 보였다. 암컷이 나간 지 1시간이 지났다. 이번에도 빈 몸으로 둥지로 들어온 수컷이 조심조심 또 알을 품었다, 두리번두리번 암컷을 찾으며. 암컷이 돌아오지 않는데 알만 남겨 놓고 수컷이 훌쩍 밖으로 나갔다. 가끔씩 수컷이 들어와서 알을 품었으나 오후 내내 암컷은 보이지 않았다. 수컷이 적극적으로 알을 품는 게 마음에 들지 않았던 것인지, 아니면 수컷이 알을 잘 품으니까 믿고 맡긴 것인지 그 속내는 알 수 없었다. 그날은 끝내 암컷이 둥지로 돌아오는 것을 보지 못하고 물러 나와야 했다.

걱정이 되어 다음날은 아침 일찍 둥지를 찾았다. 역시 알들만이 둥지를 지키고 있었다. 둥지가 있는 낙엽송이 바람에 일정하게 흔들렸다. 떨치려고 해도 자꾸 불길한 생각이 들었다. 어찌된 일인지 수컷마저 보이질 않았다. 암컷이 둥지의 알을 포기한 것인지 아니면 무슨 사고를 당한 것인지 그것도 아니면 다른 수컷과 새 둥지를 틀고 또 알을 낳아 품고 있는 것인지……. 까닭을 종잡을 수 없으니 그저 답답할 뿐이었다. 세 시간쯤 지났을 때 수컷이 조용히 둥지로 들어왔다. 전날처럼 조심스럽게 알을 품고 앉았다. 수컷도 여전히 암컷이 자리를 비우는 게 이상하다는 몸짓이었다. 왠지 홀아비를 보는 듯 수컷이 풀 죽어 보였다. 마음이 놓이지 않는 한편으론 암컷 없이 수컷 혼자 알을 품어 새끼를 깨어나게 할 수 있을지 호기심도 생겨 끝까지 지켜보기로 마음먹었다. 하루 종일 암컷이 나타나지 않아 수컷만 보다가 무거운 마음으로 물러 나왔다.

그 다음날은 둥지에 알만 덩그러니 놓였을 뿐 암수 모두 보이지 않았다. 전날 수컷이 알을 품은 시간이 한 시간을 넘지 못했는데 오늘은 그마저도 보이지를 않았다. 암컷 없이는 수컷도 어찌할 수가 없는 모양이다. 하루 종일 알만 보고 있었다. 눈앞에서 안타까운 일이 벌어지고 있는데 도울 수 있는 방법이 없다는 것이 너무 괴로웠다. 수컷이라도 나타나기를 기다렸지만 수컷도 모습을 드러내지 않았다. 수컷이 알 품기에 욕심을 내서 암컷이 알을 포기한 것일까? 그것이 아니라면 암컷은 사고를 당했거나 다른 수컷과 눈이 맞아 딴살림을 차려서 이 둥지의 알을 돌볼 겨를이 없는 것일 게다. 유별난 수컷의 행동이 재미있다고 생각했는데 어처구니없는 결과가 벌어지고 나니 그저 황당할 뿐이었다. 정말 참매 부부가 알을 포기했는지 궁금해 며칠 후 다시 그 둥지를 찾았다. 여전히 둥지에는 알만 덩그러니 놓여 있고 하루 종일 암컷이든 수컷이든 모습을 볼 수가 없었다. 참매 부부가 둥지의 알을 포기한 것이 틀림없는 것 같았다. 둥지를 발견하고 24일 동안이나 알 품는 모습을 지켜보았는데, 거의 알에서 새끼가 깨어날 무렵에 알을 포기한 암컷의 행동을 도무지 이해할 수가 없었다. 어쩌면 암컷이 초보 어미가 아닐까 하는 생각도 들었다. 알을 처음 낳고 어떻게 품어야 할지 자신이 없는데 수컷이 적극적으로 알을 품자 당황했을 수도 있다. 다른 새에 비해 유별나게 예민한 참매의 성질 때문에 어처구니없는 상황이 벌어져서 충격을 받았을 뿐 아니라 아직까지도 그 의문은 풀리지 않은 수수께끼로 남아 있다. 다만 참매는 수컷이 아무리 열심히 알을 품는다 해도 암컷이 품지 않으면 새끼가 깨어나지 못한다는 자연의 지식은 하나 더 알게 되었다.

　지나고 생각하니 이 둥지의 수컷은 중요한 사실을 하나 알지 못했던 것 같다. 바로 암컷은 알을 품을 때가 되면 제 가슴깃털을 뽑아 속살이 드러나는 포란반(brood patch)을 만들어 따뜻한 피가 흐르는 피부에 알이 직접 닿도록 해서 알을 품는다는 사실 말이다. 알을 품는 모든 새들은 포란반을 만든다. 암컷과 수컷이 함께 알을 품는 새들은 암수 모두 포란반이 있지만 참매처럼 암컷만 알을 품는 종류는 암컷에게만 포란반이 있다. 참매는 가슴깃털을 직접 뽑아 포란반을 만들기 때문에 알을 품는 둥지 가장자리에는 암컷의 작고 부드러운 가슴깃털이 빠져 있는 것을 쉽게 볼 수 있다. 보통 참매 수컷은 알을 품지 않으니 암컷처럼 포란반을 만들 줄 몰랐을 것이다. 포란반에는 자연의

1 알을 품는 새들의 가슴 부위에 있는 포란반은 자신의 체온이 알에 직접 닿을 수 있도록 해 알을 조금이라도 더 따뜻하게 유지하려는 눈물겨운 모성의 흔적이다. 참매 암컷이 포란반을 만들기 위해 자신의 가슴깃털을 뽑고 있다. 뽑아낸 깃털이 둥지 가장자리에 흩어져 있다.

2 알을 품고 있는 참매 암컷의 가슴에는 포란반 흔적이 선명하다.

새끼가 알에서 깨어난 지 5일이 지났는데도 새끼를 지키고 서 있는 어미 참매의 가슴에는 포란반 흔적이 남아 있어 깃털이 고르지 못하다.

지혜가 또 하나 숨겨져 있다. 참매 어미는 2~3일 사이를 두고 알을 낳기 때문에 4~5개의 알을 낳는다고 하면 첫 번째 알과 마지막 알은 8~10일 차이가 난다. 그런데 부화는 같은 날 아니면 2~3일밖에 차이가 나지 않는다. 바로 포란반 덕분이다. 먼저 낳은 알이 먼저 부화되지 않도록 포란반의 온도를 이용해 어미가 본능적으로 조절하는 것이다. 그러니 수컷이 무조건 알을 품는다고 해서 알이 깨어나는 것은 아니다. 왜 참매 수컷은 그런 본능을 갖지 못하는지 안타깝기는 했지만 참매 수컷의 눈물겨운 부성애를 확인할 수 있었던 사건이었다.

새들에게 둥지란 보금자리이자 새끼를 낳고 기르는 곳이라 어미 새들은 둥지를 예민하게 고르거나 짓는다. 직접 둥지를 만들지 못하는 새홀리 키는 까치나 까마귀의 묵은 둥지를 재활용하기 때문에 둥지 위치는 스스로 결정할 수 없다. 지금 이 둥지도 까마귀의 묵은 둥지다.

둥지, 새끼들의 생존이 달려 있다

알을 낳고 품을 때 둥지 주변이 시끄럽고 어수선해지거나, 누군가 살짝이라도 둥지를 건드리면 바로 둥지를 포기하는 어미 새를 종종 만나게 된다. "뱁새가 황새 따라가다가 가랑이 찢어진다."는 속담의 주인공 뱁새인 붉은머리오목눈이는 찔레나무나 조릿대, 대나무, 갈대 같은 떨기나무 숲에 밥그릇 모양의 예쁜 둥지를 틀고 새끼를 키운다. 흰색이나 푸른색의 알을 4~5개 낳아 기르는 붉은머리오목눈이 둥지에 가끔 뻐꾸기가 알을 낳아 놓고는 대신 보살피게 한다. 이른바 탁란이다. 그 때문인지 붉은머리오목눈이는 어찌나 까다롭게 구는지 누군가에게 둥지를 들켰다고 생각하면 곧바로 둥지를 포기하고 떠나 버린다. 알을 낳아 놓고도 포기하기 일쑤라 녀석의 둥지를 찍겠다고 어설프게 다가갔다가는 큰 낭패를 당할 수 있다. 그렇게 예민하게 굴던 녀석도 새끼가 알에서 깨어난 후에는 어떠한 훼방이나 소란에도 절대로 포기하지 않고 눈물겨운 모성을 발휘하며 새끼들을 돌봐 가슴 뭉클한 감동을 주기도 한다. 하물며 자기보다 덩치가 7~10배 큰 뻐꾸기 새끼도 다 자라서 둥지를 떠날 때까지 정성스럽게 키운다.

1	2	3	4
5			

1 붉은머리오목눈이는 암수를 구분하기 어렵다. 새끼를 기를 때는 역할을 나누지 않고 암수가 함께한다.

2 이들은 파란색과 흰색의 알을 낳는데, 탁란을 하는 뻐꾸기의 알이 흰색이라 종족 보존을 위해 자신들은 파란색 알을 낳게 되었다고 주장하는 학자도 있다. 그러나 뻐꾸기도 따라서 파란색 알도 낳는다.

3 붉은머리오목눈이 둥지에 뻐꾸기가 탁란을 했다. 붉은머리오목눈이의 알은 아직 깨어나지 않았는데 뻐꾸기 새끼는 알을 깨고 나왔다.

4 어미 붉은머리오목눈이가 뻔히 보고 있는 가운데 뻐꾸기 새끼가 붉은머리오목눈이의 알을 둥지 밖으로 밀어 떨어뜨리고 있다. 이후로는 뻐꾸기 새끼가 어미 붉은머리오목눈이가 가져오는 먹이를 독점할 것이다.

5 쉽게 둥지를 포기하던 붉은머리오목눈이도 새끼가 알을 깨고 나오면 어떠한 어려움 속에서도 새끼들을 지켜 낸다. 숲과 들을 오가며 벌레를 잡아 새끼에게 나르는 녀석들의 부지런함은 혀를 내두를 정도다.

    붉은머리오목눈이는 세상의 모든 생명이 천적이라고 해도 지나치지 않을 만큼 나약하니 예민할 수밖에 없겠지만, 참매는 사람 말고는 거의 천적이 없다. 그럼에도 둥지에 대해서는 지나치리만치 예민하게 반응을 한다. 아마도 스스로 자신을 지킬 만한 힘이 없는 어린 새끼들이 머무는 곳이기 때문일 것이다. 그런 면에서는 둥지가 드러날까 조바심을 내고 조심스러운 건 참매든 참매의 먹잇감이 되는 새들이든 마찬가지일 것이다. 둥지를 지키는 일이 자신들의 종족 보존과 직접적으로 관련되어 있으니 처절한 삶의 본능인 셈이다. 이들에게 둥지를 지을 곳의 제일 조건은 안전이다.

    여름 철새인 새홀리기는 매년 6월 초쯤 우리나라에 와서 알을 낳고 새끼를 키운다. 이들은 같은 종끼리는 철저하게 서로의 영역을 인정해 영역이 겹치지 않는다. 새홀리기 둥지 근처에서는 다른 새홀리기를 볼 수 없는 것이 이를 뒷받침한다. 그런데 같은 맹금류인 참매 둥지가 있는 영역에서 새홀리기가 새끼를 키우는 모습은 흔히 볼 수 있다. 직접 둥지를 만들지 못하는 새홀리기는 주로 탁 트인 넓은 들에 붙어 있는 산자락 가장자리에 있는 나무 위의 까치나 까마귀의 묵은 둥지를 재활용하기 때문에 그곳이

새홀리기가 까마귀의 옛 둥지에 알을 낳아 품고 있다. 수컷은 먹이를 가져오고 암컷은 둥지를 떠나지 않고 알을 품는 참매와는 다르게 이들은 암수가 번갈아 가며 똑같이 알을 품는다. 하루에 암수가 자리를 바꾸는 시간도 일정하다.

참매의 영역이라 하더라도 어쩔 수 없을 것이다. 맹금류가 같은 공간에 있다고는 해도 사냥 습성이 서로 다르기 때문에 새끼를 키우는 동안 이들이 다툴 일은 거의 없다. 참매가 오랜 시간 매복하고 있다가 사냥감이 가까이 다가오면 짧은 거리에서 순간적으로 사냥을 하는 데 비해 새홀리기는 거칠 것 없는 높은 하늘을 비행하다가 날아가는 새를 재빠르게 따라가 공중에서 낚아챈다. 사냥 습성이 완전 반대인 이들은 둥지가 가까이 있어도 서로 견제할 필요가 없다는 것을 너무나 잘 알고 있는 듯하다.

   비슷한 이유로 왕새매도 참매의 영역에서 다툼 없이 새끼들을 잘 키워 낸다. 왕새매는 참매가 잘 사냥하지 않는 뱀이나 들쥐 그리고 곤충을 주로 사냥하므로 서로 먹잇감이 겹치지 않는다. 또 높은 곳일수록 먹잇감이 되는 생물들의 움직임을 살피기 쉬워 자신의 몸이 먹잇감에게 드러나는 것을 개의치 않고 나무꼭대기에 앉아서 사냥감을 기다

왕새매가 사냥을 하기 위해 나무 꼭대기에 앉아 아래를 살피고 있다. 자신의 먹잇감인 뱀, 쥐, 두더지, 작은 새 들의 움직임을 확인하기 쉽게 높은 데에 자리를 잡고 이들이 지나가기를 기다리는 것이다.

리는 것을 좋아하는 왕새매와는 달리 참매는 사냥을 할 때 몸을 숨겨 매복하고 있다가 결정적 순간에 낚아채야 하므로 나무 꼭대기보다는 가운데나 아래쪽에 앉는 습성이 있다. 먹이 종류와 먹이 활동 공간이 다른 이들은 마주칠 일이 없으므로 둥지를 지을 때 굳이 상대방을 피하거나 하지 않는 것 같다. 자기들끼리는 서로 피해를 끼치지 않는다고 해도 둥지가 훤히 드러날 경우에는 자신의 안전을 위협하는 일이 생길 수 있다.

2009년의 일로 기억하고 있다. 강원도의 어느 마을 뒷산에서 봄부터 참매 둥지를 찍었는데 7월 초쯤에 잘 자란 새끼들이 무사히 둥지를 떠났다. 텐트를 접어 나왔다가 얼마 후 혹시 근처에 있을까 싶어 다시 들러 보았다. 역시 새끼들을 만나지 못하고 돌아 나오는데 건너편 산 가장자리의 소나무 위에 새홀리기가 있었다. 둥지에 앉아 알을 품

새끼가 알을 깨고 나온 지 이틀째. 새홀리기 둥지에는 어지럽게 싸운 흔적과 어미 것으로 보이는 깃털이 널려 있을 뿐 어미와 새끼는 보이지 않았다. 수리부엉이 의 공격을 받은 것이 아닐까 짐작만 할 뿐이다.

고 있었는데 아마도 까마귀 둥지를 재활용하는 것 같았다. 둥지가 있는 산자락 앞에는 들판이 있는데도 들판 건너 둥지에 앉은 새홀리기 어미 모습이 훤히 보였다. 마침 참매의 둥지 관찰이 끝난 터라 홀가분한 마음으로 새홀리기 둥지를 찍기로 결정했다. 둥지는 넓은 들판에 볼록 솟아오른 작은 야산에 있었는데 제법 커다란 소나무가 숲을 이루고 있었다. 산을 올라 가장자리에 있는 새홀리기 둥지가 눈 아래로 내려다보이는 장소를 찾아냈다. 그곳에서는 소나무 사이로 벼 포기가 바람에 흔들리는 논도 한눈에 내려다보였다. 항상 그랬던 것처럼 새홀리기가 안심하고 새끼를 키울 수 있도록 위장 텐트를 쳤다. 둥지의 모습을 찍을 때마다 혹시나 그들의 번식을 훼방 놓는 것은 아닐까 싶어서 언제나 조심스럽고 걱정이 되었다. 특히 이번 새홀리기 둥지는 들판이나 산에서 너무 훤히 보이는 곳이라 첫날부터 걱정이 컸다. 그래서 위장 텐트도 되도록 떨어진 곳에 세워 새홀리기가 스트레스를 조금이라도 덜 받도록 했다. 그런 배려도 곧 물거품이 되고 말았다.

    새끼가 알을 깨고 나온 지 이틀째 되는 날 아침에 갔더니 둥지가 텅 빈 채 어미도 새끼도 보이지 않았다. 어미의 것으로 보이는 기다란 꼬리깃털만이 둥지 바닥에 떨어져 있었다. 무슨 일이 있었는지 보지 못했으니 그저 누군가 둥지까지 쳐들어왔고, 어미가 대항해 싸우다가 새끼와 함께 당한 것이 아닐까 하고 짐작할 뿐이었다. 새홀리기를 공격할 만한 천적으로는 수리부엉이가 있다. 동네 사람들 말로는 밤에 수리부엉이 울음소리가 가끔 들린다고 했다. 처음부터 둥지가 너무 훤히 들여다보인다고 걱정을 했더니 결국 변고를 당한 것이다. 고개도 가누지 못하던 어린 새끼들 모습이 오랫동안 머리에서 떠나지 않았다. 새의 둥지가 은밀한 곳에 있지 않다는 것은 새끼들에게는 위험, 아니 죽음을 뜻하는 것인지도 모르겠다.

알에서 깨어난 지 33일 된 어린 참매가 둥지 밖으로 나와 어미를 기다리고 있다.
이 무렵에는 새끼들이 둥지 밖의 나뭇가지에 앉아 많은 시간을 보낸다.

새끼를 키울 때는
숲을 벗어나지 않는다

 참매 새끼는 알에서 깨어나기 전부터 시작해서 부화해 둥지를 떠날 수 있을 만큼 자랄 때까지 어미인 암컷의 살뜰한 보살핌을 받는다. 그 사이 새끼들의 먹을거리는 아비인 수컷이 사냥해 와서 전업주부처럼 둥지에서 새끼를 돌보는 암컷에게 전해 주거나 간혹 둥지의 새끼들에게 직접 갖다 주기도 한다. 암컷은 알을 낳고 새끼를 키우느라 몸이 무거워 사냥하기가 쉽지 않다는 것을 수컷도 잘 알고 있는 듯하다. 새끼들이 어미 없이도 스스로 먹이를 찢어 먹을 수 있을 만큼 자라면 암컷도 둥지 밖에서 보내는 시간이 늘어난다. 이때부터는 암컷도 서서히 사냥을 시작하면서 둔해진 몸을 단련시킨다.

 겨울이 되면 참매는 먹이를 찾아 황량한 산 속보다는 먹잇감이 모여 있는 너른 들이나 물가로 나온다. 이때 오리 사냥하는 모습을 보면 암컷과 수컷이 사뭇 다르다. 수컷은 오리 가운데 가장 작고 빠른 쇠오리를 주로 사냥하는 반면, 암컷은 덩치가 자신과 비슷한 청둥오리나 혹부리오리도 사냥한다. 날샌 수컷은 덩치가 자신보다 커서 사냥하기 버거운 청둥오리나 혹부리오리는 거들떠보지 않고 빠르더라도 만만한 쇠오리만을 겨누고, 수컷에 비해 민첩하게 움직이지 못하는 암컷은 재빠른 쇠오리를 감당하는 대신 느려서 만만하고 크기도 큰 먹잇감을 공략하는 것이 성공 확률을 높일 수 있다는 사실을 잘 알고 있는 것 같다. 참매가 오리 사냥하는 모습을 처음 찍기 시작한 2010년 겨울에는 수컷들이 저렇게 오리들이 많은데 왜 사냥할 생각은 하지 않고 쳐다보고만 있는지 궁금했었는데 이제야 그 이유를 알 것 같다.

참매는 새끼를 키우는 동안 본능적으로 암수가 철저하게 둥지 안팎의 일을 나누어 맡는다. 사냥 담당인 수컷은 이 무렵 먹이로 산새, 다람쥐, 청설모 등 대부분 숲에서 살거나 새끼를 키우는 종류를 가져온다. 자신의 몸을 숨길 수 있는 숲에서도 먹잇감을 쉽게 구할 수 있으니 굳이 들이나 강까지 나가 사냥하지 않는다. 이런 참매의 은밀한 습성 때문에 새끼를 키우는 동안에는 사냥하는 모습은 고사하고 참매를 보기도 쉽지 않다. 숲 속에 매복해 있다가 먹이를 사냥하고는 하늘 높이 올라 이동하는 대신 숲 사이를 낮게 날아서 둥지로 돌아가는 버릇도 한몫한다. 간혹 넓은 들을 끼고 있는 참매 영역에서 먹이를 들고 날아가는 참매를 볼 수 있는데 그런 기회는 흔치 않다. 하물며 참매가 사냥하는 모습을 찍는다는 것은 엄청난 행운이 따라야 한다. 특히 숲에 매복해 있는 참매를 사진으로 담기란 하늘의 별 따기만큼 어렵다. 은밀한 사냥 습성을 지닌 참매는 그 누구의 접근도 허락하지 않기 때문이다.

트인 공간인 천수만의 해미천은 사람과 자동차가 자주 오가는 꽤 시끄러운 곳이다. 참매는 이곳에서 사냥하기 위해 매복은 하지만 누군가 다가오면 여지없이 자리를 피하고 만다. 시끄럽고 어수선한 공간이라는 사실에 적응할 법도 한데 단 한 번도 주변의 움직임을 대수롭지 않게 받아들이는 꼴을 보지 못했다. 트인 공간에서조차 오리 사냥을 하려고 매복해 때를 기다리는 참매에게 다가갈 수 있는 거리는 100미터 이상이다. 그 정도 떨어져서 찍는 사진은 뚜렷할 수가 없어서 예술 작품이라기보다는 그저

참매는 새끼를 키울 때나 겨울에 사냥을 하기 위해 가까운 거리를 이동할 때에도 하늘 높이 날지 않고 산등성이에 닿을 정도로 낮게 날아다닌다. 날개가 넓어서 그런지 이때의 모습은 어쩐지 좀 둔해 보인다.

기록 사진이 되고 만다. 사방이 탁 트인 공간에서도 그러한데 하물며 조용하고 나무가 우거진 숲에서 매복하고 있는 참매에게 가까이 다가간다는 것이 가능하겠는가?

2010년 충주 천등산에서 참매를 찍을 때의 일이었다. 소나무 군락지에 있는 참매 둥지를 찍기 위해 당연히 둥지보다 높은 곳에 위장 텐트를 쳤다. 그런데 불행하게도 텐트에서는 수컷이 먹이를 갖고 숲으로 들어오는 모습이 빽빽한 소나무에 가려 잘 보이지 않았다. "끼약! 끼이약!" 수컷이 둥지 가까이 와서 먹이를 가져왔다고 암컷을 불러내는 소리가 들리면, 늘 텐트 안에서 소리 나는 쪽으로 고개를 최대한 빼고 쳐다보았지만 먹이를 전해 주는 모습을 한 번도 시원하게 본 적이 없었다. 수컷이 암컷에게 먹

한 겨울 개울에서 오리를 사냥하기 위해 자리를 옮기고 있는 참매 어미 새다. 갈대가 있는 쪽으로 낮게 날아가기 때문에 먼 곳에 있는 오리들은 참매가 날아오는 것을 알아채지 못한다.

참매는 소나무 숲에 매복할 때 나무줄기에 바짝 붙어 있기 때문에 다른 동물들이 참매의 위치를 미리 알아채기가 쉽지 않다.

이를 전달하는 모습을 꼭 보겠다는 일념으로 평소 암컷과 수컷이 먹이를 주고받던 곳 근처에 위장 텐트를 하나 더 세웠다. 참매들이 새로 친 텐트에 눈이 익을 때까지 기다리려고 첫날에는 근처에 얼씬도 하지 않았다. 이튿날 아침 일찍 새로 쳐 놓은 텐트로 갔다. 수컷의 소리가 들려오던 곳이라 추측했을 뿐 정확한 장소는 알 수 없으니 무작정 기다려야 했다. 둥지를 찍을 때에는 목표가 고정되어 있어서 카메라를 맞추고 기다리면 되는데, 먹이를 전달하는 순간은 수컷의 움직임을 정확히 알 수 없으니 참으로 답답했다. 나무가 울창하게 들어선 숲에서 과연 사진을 찍을 수 있는 곳으로 수컷이 날아올지 예측할 수 없는 상황에서의 기다림은 그저 막막할 뿐이었다. 은밀하게 위장해야 하기 때문에 카메라가 텐트 앞쪽만 바라보게 되어 있어서 만약 수컷이 뒤쪽 혹은 왼쪽이나 오른쪽에서 날아온다면 사진 찍기는 어렵다고 봐야 했다. 운 좋게 텐트 앞으로 날아오기만 빌 뿐이었다. 수컷 소리가 들리는지 귀를 쫑긋 세우고 기다린 지 2시간. 가끔 수컷이 조용히 다녀가기도 하므로 한눈을 팔 수가 없다. 벙어리뻐꾸기는 멀리서 쉬지 않고 "뽕뽕" 울어 대고 "뻐꾹 뻐꾹" 뻐꾸기는 가까이서 경쾌하게 우짖었다. "끼아악! 끼아악!" 어치가 참매 소리를 흉내 내며 주위를 맴돌 뿐 정작 참매 수컷은 나타나지 않았다. 그동안 참매 둥지를 찍을 때는 기다리다 보면 반드시 어미가 둥지로 들어온다는 확신이 있었기에 지루한 기다림의 시간을 참을 수 있었다. 그런데 지금은 참매 수컷이 언제, 어디로 올지도 모를뿐더러 어쩌면 텐트에서는 볼 수 없는 곳으로 올지도 모른다는 불확실성 때문에 기다림이 더욱 힘들었다. 또 어느 날 불쑥 세워진 텐트를 경계할지도 모른다는 걱정이 되면서 참매를 만만히 봤다는 자책도 들었다.

"꺅꺅, 꺅꺅!" 정오가 가까워질 무렵 드디어 낮고도 날카로운 수컷의 소리가 들려왔다. 매번 듣는 참매 소리인데 카리스마 넘치는 날카로움에 왠지 주눅이 들었다. 모습은 보이지 않고 소리만 들려오니 마음이 조급해졌다. 고개를 빼고 빽빽한 나무 사이를 이리저리 둘러보아도 참매 수컷은 보이지 않았다. 분명 텐트 바로 앞에서 소리가 들렸으니 혹시나 사진을 찍을 수 있을까 싶어 뷰파인더 속에서 카메라를 이리저리 돌려 보았지만 끝내 참매 모습은 잡히지 않았다. 수컷은 평소 암컷을 불러내던 곳이 아닌 전혀 엉뚱한 곳으로 암컷을 불러낸 것이었다. '그러면 그렇지,' 참매란 녀석이 새로 생긴 낯선 텐트를 경계하지 않을 만큼 둔한 녀석이 아니다. '토굴이라도 파고 위장해야 되나' 싶은 생각이 들었다. 주섬주섬 텐트를 걷었다. 참매 수컷은 이미 보이지 않고 나른한 매미 소리만이 숲에 가득했다. 이대로 포기할 수는 없어 조금 전 참매 소리가 났던 데로 짐작되는 곳으로 가서 다시 텐트를 쳐 두었다. 새끼들이 있는 둥지가 전혀 보이지 않는 곳이었다. 참매들이 익숙해질 때까지 며칠이고 얼씬도 하지 않기로 마음먹었다. 참매 수컷이 먹이를 갖고 둥지로 오기 전에 처음으로 내려앉는 나뭇가지는 아니더라도 최소한 그곳을 볼 수 있는 곳만이라도 알았으면 좋겠다는 생각이 들었다. 그 후 며칠은 둥지를 지키면서도 수컷이 암컷을 불러내는 곳이 어디일지 신경은 온통 그곳으로 쏠려 있었다. 매일 같은 곳에서 소리가 들려왔다. 다행히 새로 텐트를 세워 둔 부근이었다. 실낱같은 희망을 품고 참매가 위장 텐트에 익숙해지기를 기다렸다.

며칠을 참고 기다린 끝에 암수가 먹이를 주고받는 모습을 보기 위해 새로 쳐 놓은 텐트로 아침 일찍 갔다. 수컷이 언제, 어느 곳으로 나타날지 알 수 없으니 무작정 기다렸다. 둥지가 있는 곳에서 100여 미터 떨어진 이곳은 아름드리 소나무가 울창했다. 솔가지를 휘감고 스쳐 지나가는 바람을 타고 매미와 뻐꾸기 소리가 뒤엉켜 넘어와 참매를 기다리느라 잔뜩 긴장한 어깨를 풀어 주었다. 자연의 소리에 귀를 내준 채 눈은 주변을 열심히 살피는데 위장 텐트에서 40미터쯤 앞에 서 있는 커다란 낙엽송 나뭇가지에 조용히 앉아 있는 참매 한 마리가 눈에 들어왔다. 사냥감을 쥐고 있지 않은 것을 보면 암컷을 기다리는 것이 아니라 어쩌면 사냥을 하기 위해 매복하고 있는 것인지도 모르겠다는 생각이 들자 나도 모르게 소름이 돋았다. 뜻하지 않게 참매가 숲 속에서 매복하는 모습을 보게 될지도 모를 일이었다.

아뿔사! 첩첩이 서 있는 소나무에 가려서 사진을 찍기는 어려울 것 같았다. 쌍안경으로 봐도 늘어선 소나무들 사이로 언뜻언뜻 보일 정도였다. 우연히 숲에서 매복하고 있는 참매 수컷을 보게 된 것은 기쁘고 행복한 일이지만 그 모습을 찍을 수 없다는 것은 낙심천만이었다. 물론 매복 모습을 볼 수 있다는 것만도 행운이기는 했다. 혹시나 나 때문에 참매가 다른 곳으로 자리를 옮길까 봐 부스럭 소리도 내지 못하고 '얼음땡'이 되어 있었다. 심장은 쿵쿵 뛰고 숨도 가빠졌다. 쌍안경을 들고 있는 손에 절로 힘이 들어갔다. 이제부터는 긴 기다림을 견뎌야 한다. 수컷이 움직이기를 지루하게 기다

주변을 세심히 살피고 있는 참매 수컷은 사냥감을 노리며 매복하고 있는 것이 아니라 매복할 만한 자리를 찾고 있는 것 같았다. 역시 참매 수컷은 날렵하고 매끈해 보인다.

리다 보니 어느 해 겨울인가 천수만의 해미천가 버드나무에 앉아 사냥감을 기다리던 보라매의 모습과 오버랩되었다.

태어난 지 1년이 채 안 된 그 보라매는 어미 참매를 따라다니며 먹이를 얻어먹던 녀석이었다. 그날은 웬일인지 어미는 보이지 않고 보라매만 아침 일찍 오리들이 모여 있는 해미천에 모습을 드러냈다. 이른 아침부터 배가 고팠던 것인지 어미를 따르지 않고 혼자 사냥하러 나온 모양이었다. 건너편 둑에서 참매 어미 새를 기다리던 나는 우연히 만난 보라매가 어떤 행동을 보일지 호기심이 생겼다. 어미가 사냥을 하면 얻어먹는 모습만 보여 주었던 보라매에게서 그동안은 맹금류만의 독특한 카리스마를 느낄 수 없

알을 깨고 나온 지 일 년이 안 된 보라매는 깃털이 갈색이고 앞가슴의 깃털 무늬는 길쭉한 나뭇잎 모양으로 위에서 아래로 늘어져 있다. 어미 새처럼 꼬리가 길고, 눈매와 부리의 날카로움도 어미 새에 뒤지지를 않는다.

보라매가 매복하고 있는 근처로 아무것도 모르는 오리들이 모여들고 있다. 무리를 지어 생활하는 오리의 습성이 오히려 참매가 공격하기 쉽게 하는 요인이 되는 것 같다.

어 아쉬웠다. 그날은 당당하게 홀로 사냥하는 멋진 모습을 보여 줄 것을 기대하며 지켜보고 있었다. 보라매가 앉은 버드나무 아래에는 오리가 떼를 지어 유유히 개울을 오르내리고 있었다. 그냥 나무에서 툭 하고 떨어지기만 해도 오리가 발밑에 깔릴 것 같은데 여전히 망설이는 녀석이 답답하기만 했다. 마치 매복하는 어미 참매의 흉내라도 내는 것 같았다. 돌부처가 되어 버드나무에 앉아 있던 녀석은 그로부터 1시간 반 동안 내 속을 태우더니 수많은 오리를 외면한 채 자리를 털고 해미천 아래쪽으로 내려갔다. 순간, 긴장이 풀리며 절로 한숨이 나왔다. 오리들은 보라매가 날아가든 말든 관심

이 없었다. 그래도 참매인데 어리다고 깔보는 것 같아 내가 다 어처구니가 없었다. '줄 사람은 생각지도 않는데 김칫국부터 마신다'고 사냥할 생각도 없는데 나 혼자 잔뜩 기대하고 있다가 맥이 빠졌다. 보라매는 내가 있는 곳에서 개울 건너 멀리 떨어진 버드나무로 날아갔다. 그러고는 무성한 버드나무의 아래쪽 땅바닥과 가장 가까운 나뭇가지에 내려앉았다. 높은 가지에 앉지 않는 걸 보면 먼 곳을 볼 생각은 없는 것 같았다. 나무 아래는 잡초가 무성한 맨땅으로 오리는 한 마리도 보이지 않았다. 녀석은 사냥할 의사가 전혀 없었던 모양이다. 설혹 그곳에서 사냥을 한다고 해도 너무 멀어 사진을 찍을 수 없었다. 갑자기 관심이 없어지면서 보라매로부터 눈길을 거둬들였다.

다시 어미 참매가 나타나기를 하염없이 기다려야 했다. 해미천을 뒤덮은 오리들의 꽥꽥거리는 소리가 시골 장터를 생각나게 했다. 큰고니들은 뒤뚱뒤뚱 갈대밭을 휘젓고 다니며 먹이를 찾거나 자리다툼을 하느라 소란스러웠다. 날마다 되풀이 되는 겨울철 해미천의 모습에 긴장이 풀리며 온몸이 나른해졌다. 편안히 등받이에 몸을 맡기고 잠시 눈을 감았다 떴다. 가물가물 멀리 보이는 보라매도 졸고 있는 것 같았다. 어린 녀석이 매복하는 끈질김은 어미 못지않다. 사냥감이 공격할 수 있는 거리까지 다가오지 않으면 경거망동하지 않는 것은 제법 참매답다.

탁 트인 겨울철 개울이나 여름의 숲 속이나 비슷한 풍경의 반복, 지루한 기다림 등 참매가 사냥하기를 기다리는 모습은 다를 게 없다. 숲에선 위장 텐트, 겨울 개울가에선 자동차에 앉아 있다는 것이 다를 뿐 무작정 기다려야 한다는 것은 똑같았다. 그 지루하고 긴 기다림의 고통을 떠올리면서 첩첩산중 여름 숲에서의 기다림은 그나마 다양한 자연의 소리가 어우러져 내는 소리라도 들을 수 있다고 스스로를 달래며 나른함을 털어 냈다. 쌍안경 너머의 참매 수컷도 가끔 한쪽 다리를 들어 길게 뻗기도 하고 기지개를 켜듯 쭉 펼치기도 했다. 녀석도 지루하기는 마찬가지인 모양이었다. 2시간이나 쌍안경 속 참매 수컷과 대치하고 있었다. 둥지의 새끼들이 배고프다고 "삐이익, 삐이익" 울어 댈 시간이지만, 참매 수컷은 꼼짝하지 않았다. 바람은 여전히 나무 사이를 스쳐 지나갔고, 일주일의 짧은 삶을 탄식하듯 매미들은 쉬지 않고 울어 댔다.

그때, 나뭇가지의 움직임과는 다른 소리가 바람에 실려 왔다. 분명 참매가 매복하고 있는 쪽으로 무엇인가 다가오는 움직임이었다. 무엇인가 나뭇가지에 부딪히는 소리와 풀썩풀썩 흔들리는 소리가 일정하게 들려왔다. 울창한 나무에 가려 보이지는 않지만

알에서 깨어난 지 38일 된 어린 참매가 둥지 밖에 나와 있다가 먹이를 들고 둥지로 돌아오는 아비를 보고는 날카롭게 소리를 지르며 자신의 위치를 알리고 있다.

생생한 느낌이 전달되었다. 여전히 참매는 움직이지는 않으나 놓치지 않고 보고 있을 것이다. 쌍안경으로는 툭툭 흔들리는 나뭇가지만 보였다. 분명 나무와 나무를 건너뛰는 것이 있었다. 다람쥐 같기도 하고, 어쩌면 청설모일지도. 건너편 나무 위아래를 오르락내리락하던 움직임이 다시 한 번 참매가 매복하고 있는 나무 쪽으로 건너뛰었다. 참매와의 거리가 손에 잡힐 듯 가까워졌다. 참매를 보지 못한 것일까. 움직임은 서슴없이 참매에게로 다가왔다. 그때 쌍안경 속으로 청설모가 들어왔다. 소나무 옆 가지에 뒷발로 앉아서 앞발로는 무엇인가를 입에 대고 바지런히 먹고 있었다. 거리라도 가늠하는 것인지 참매는 여전히 꼼짝 않고 청설모를 보고만 있었다. 참매 수컷은 적절한 사냥의 순간을 엿보고 있을 것이다. 이 순간을 찍을 수 없다는 사실이 정말 안타까웠

1 아비 참매가 잡아온 청설모를 알에서 깨어난 지 20일 된 어린 참매 녀석들이 직접 뜯어먹지는 못하고, 한 녀석이 들었다 놓으면 다른 녀석이 들었다 놓기를 반복하며 애를 태우고 있다.

2 둥지를 들락거릴 정도로 자란 어린 참매는 혼자서도 먹이를 잘 먹는다. 밖에 나갔다 돌아온 어린 참매가 먹다 남은 청설모 반쪽을 물고 뜯어먹을 준비를 하고 있다.

다. 잠시 오물오물 무엇인가를 먹던 청설모가 쪼르르 나무 위로 올라갔다. 참매가 매복하고 있는 나무 쪽으로 뻗은 가느다란 나뭇가지를 줄타기하듯 통통 튀면서 건너뛰는 찰나, 소리 없이 참매가 휙 날아올랐다. 청설모가 나무와 나무 사이를 점프하는 순간에 전광석화와 같이 참매가 덮쳤다. 짧은 청설모의 비명이 울리는가 싶더니 참매의 발에는 청설모가 매달려 있었다. 몸부림치는 청설모와 함께 참매가 땅바닥으로 곤두박질쳤다. 참매의 날카로운 발톱에 갇힌 청설모는 "꾸엑, 꿱!" 소리를 지르며 필사적으로 도망치려고 했다. 먹으려고 하는 자와 먹히는 자 모두 사생결단으로 덤볐다. 엎치락뒤치락 낙엽이 튕겨 흩날리고 먼지도 안개처럼 어지럽게 날렸다. 그것도 잠시, 날카로운 발톱을 빠져나가지 못한 청설모는 날개를 퍼덕이며 쪼아대는 참매의 부리 공격에 정신을 잃었는지 축 늘어졌다. 참매의 날갯짓도 잦아들었다. 단 한 번의 낚아챔으로 청설모를 사냥했다. 마치 누군가 공중으로 청설모를 던져 주어 기다리고 있던 참매가 움켜쥔 것처럼. 참매의 사냥 모습이 영화 필름처럼 눈앞에서 생생하게 돌아갔다.

 언젠가 텔레비전에서 본 참매의 사냥 모습과 자꾸만 겹쳐졌다. 방송 속 참매는 나무와 나무 사이를 지그재그로 날면서 나무를 발로 튕기듯 사냥감을 쫓았다. 숲의 제왕다운 멋진 모습으로 머릿속에 박혀 있어 잊히지가 않았다. 내 눈앞에서 펼쳐진 사냥 모습과 왜 그때의 방송 장면이 겹쳐 떠오르는 것일까? 역동적으로 쫓고 쫓기는 광경을 기대했었던 것인가? 아니다. 참매의 사냥법은 묵묵히 오랜 시간 매복하다가 사냥감이 경계심 없이 가까이 다가오면 순간을 노려 바람처럼 잽싸게 들이쳐 한 번에 낚아채는 것이다. 인내하며 때를 기다릴 줄 아는 삼년불비三年不飛, 삼 년 동안이나 날지 않는다는 뜻으로, 훗날 뜻을 펼칠 기회를 기다리는 것을 이르는 말의 염원이 담긴 예술 같은 사냥 방법이기 때문이었다. 내가 본 참매 사냥 광경 중에서는 2011년 겨울, 해미천 보라매의 첫 사냥을 잊을 수가 없다.

첫 사냥,
천년의 비법을 담다

해미천 둑길에 차를 세우고 참매가 사냥에 나서길 몇 시간째 기다리고 있었다. 지루함으로 온몸이 비틀리고 쑤시기 시작할 때쯤 보라매가 앉아 있는 근처의 오리들이 급작스레 날아올랐다. 아니 날아오르는 녀석이 있는가 하면 물속으로 곤두박질치는 녀석도 있고 물 위를 달리듯 꽁지를 빼고 내달리는 녀석도 있었다. 비명을 지르며 중구난방 튀는 광경은 아수라장이 따로 없었다. 어지럽게 튀는 오리들을 보면서 퍼뜩 보라매가 무엇을 하는지 궁금해졌다. 얌전히 앉아 있던 나무에 보라매가 없다. 어미 참매도 보이지 않았다. 도대체 그곳에서 무슨 일이 벌어졌기에 오리들은 저리 난리가 났을까? 마음은 급한데 무슨 일인지 형편을 가늠할 수가 없었.

오리들이 안정을 찾고 비명소리가 잦아들자 분위기는 다시 차분해졌다. 오리들이 하나둘 물 위로 내려앉아 날개를 털며 모여들어 다시 무리를 이루었다. 쌍안경을 들어 보라매가 앉아 있을 만한 주변의 나무는 모두 살펴보았지만 보이지 않았다. 그때 보라매가 앉아 있던 버드나무 바로 아래에서 퍼덕이는 것이 눈에 띄었다. 눈을 비비고 다시 보니 보라매가 청둥오리를 깔고 앉아 있었다. 정녕 보라매가 오리를 사냥한 것일까? 보라매 주변에 어미 참매가 보이지 않으니 보라매가 사냥한 것이 맞았다. 청둥오리가 아직 버둥거리는 것으로 보아 틀림없다. '이런, 또 당했다.' 녀석들의 허허실실 전법이다. 보라매가 자리를 옮길 때 따라서 녀석 가까이 옮겨갔어야 했다. 내가 가까이 따라 가면 사냥을 하지 않을 것이라고만 생각했다. 너무 조심하다가 사진을 찍을 수 있는 확실한 순간을 또 놓치고 말았다. 어미 뒤를 따라다니며 배고프다고 "끼아악, 끼아악!" 울기만 하던 어린 녀석이 아니었다. 태어난 지 일 년도 안 된 녀석이 보란 듯이 살아 있는 오리를 사냥했다. 어미의 도움 없이 혼자서도 살아갈 수 있다는 능력을 멋지게 보여 준 셈이다. 이제 누가 저 녀석을 감히 얕볼 수 있겠는가. 천년을 이어온 참매의 생존 습성을 그렇게 체득하여 또 한 세대를 늘려 갈 것이다. 보라매는 자연 속에서 그렇게 참매의 천년 역사를 당당히 몸으로 받아 냈다. 흐뭇한 마음에 사진을 찍어야겠다는 생각도 잊고 멋지게 자라고 있는 보라매를 대견하게 한참을 바라보았다. 이 얼마나 뜻 깊은 순간인가!

 보라매가 오리를 사냥한 생생한 현장을 봐야겠다는 생각이 들어 정신없이 차를 몰아 개울을 건너 보라매에게로 다가갔다. 내 차가 다가가자 제 덩치만 한 청둥오리를 움켜쥐고 선 채 잔뜩 경계하며 날카로운 눈빛을 보내왔다. 맹금의 당당한 위용이 느껴졌다. 녀석의 날 선 눈길을 애써 외면하며 사냥터가 내려다보이는 둑길 가장자리까지 슬금슬금 다가가 차를 세웠다. 이미 청둥오리의 숨통을 끊은 보라매는 먹이를 단단히 움켜쥔 채 꼼짝 않고 내 움직임을 주시하고 있었다. 저 자동차를 무시하고 그냥 있어도 괜찮을지, 아니면 털도 뽑지 않은 먹잇감을 놓아두고 달아나야 할지를 고민하는 것 같았다. 녀석을 안심시키려면 이제부터 꼼짝도 하면 안 된다. 서로의 움직임을 살피며 조심스럽고 무거운 침묵이 흘렀다.

사냥을 끝낸 보라매가 사냥감을 단단히 움켜쥔 채 숨이 끊어질 때까지 꼼짝 않고 기다리고 있다. 뒤돌아보며 사람이 다가서는 것은 잔뜩 경계하면서…….

 먹이를 포기할 수 없었는지 보라매가 먼저 내게서 눈길을 거둬 오리를 내려다보았다. 태어나서 스스로 사냥한 첫 먹이일 터이다. 사진을 찍는 손길이 바빠졌다. 거침없이 오리의 털을 뜯어낼 때마다 흔들리는 보라매의 알록달록한 갈색 깃털이 바람에 휘날리는 사자 갈기로 착각될 만큼 녀석은 멋지고 당당했다. 그런 보라매를 직접 보고 있다는 사실에 몹시 흥분되었다.

 은밀하게 매복을 하고 둘레가 조용해질 때까지 기다렸다가 기회를 잡으면 번개같이

마치 사자 갈기처럼 깃털을 휘날리며 사냥한 먹이를 먹는 보라매의 모습이 당당하다. 가까이에 자동차가 있는데 전혀 주눅 들지 않는 담대한 모습이 더욱 매력적이다.

낚아채 잡는 매우 까칠한 사냥 기술은 천년을 살아남을 수 있었던 참매만의 비결이 아니었을까? 이런 생각이 들자 담담할 수가 없었다. 허겁지겁 먹이를 먹는 보라매의 모습을 놓칠세라 나 또한 허겁지겁 카메라 셔터를 눌러 댔다. 그런 나를 피해 달아나지 않는 담대함이 더욱 내 마음을 사로잡았다. 이제 어린 보라매가 아니다. 놀라운 매복의 사냥 기술을 익힌 사냥꾼으로서 당당히 참매의 가족이 되었다. 그렇게 천년 세월을 이어온 것처럼.

화려한 깃털 때문에 눈에 잘 띄는 장끼는 이동을 하거나 먹이를 찾아다닐 때에 바닥 쪽으로 낮게 기다시피 다니는 버릇이 있어 참매의 공격을 잘 받지 않는다. 다리에 보이는 며느리발톱도 참매의 공격을 피하는 수단이 될지도 모르겠다.

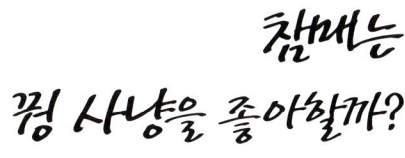
참매는
꿩 사냥을 좋아할까?

천년을 우리 곁에서 살아온 참매가 꿩 사냥을 한다는 삼국시대의 기록이 있지만, 실제 자연 속 야생의 참매는 꿩 사냥을 즐기는 것 같지는 않다. 지난 8년 동안 참매 둥지를 찾아다녔지만 단 한 번도 꿩을 잡아 둥지로 가져오는 것을 본 적이 없다. 참매가 은밀하게 사냥을 하는 습성이 있다면 꿩도 그에 못지않게 조심성이 많은 새로 알려져 있다. 잡풀이 무성한 곳에 주로 살며 잡목이 울창한 곳에서는 설설 기어 다니는 버릇이 있는 꿩은 이동할 때에도 여느 새처럼 오래 날지를 않는다. 순간적으로 짧은 거리를 날아 잡목이나 풀 속으로 기어들기 때문에 쉽사리 참매의 사냥감이 되지 않는다. 그런 꿩의 습성 때문에 날아가는 모습을 사진으로 담아내기도 만만치 않다. 꿩이 나는 것을 인지하고 셔터를 누르는 순간 이미 꿩은 잡목 속으로 사라져 버린 뒤이기 일쑤다. 그런 꿩을 뒤따르며 순간적으로 낚아챈다는 것은 참매로서도 쉽지 않은 일이다. 다만 꿩은 자신의 깃털이 눈에 잘 띄지 않는 위장색이라는 것을 알고 있어서인지 발에 밟힐 만큼 가까이 다가가야 튀어 날아오른다. 이런 꿩의 습성을 이용한 것이 바로 꿩 사

사람에게 길들여진 참매 어미 새가 사람이 날린 장끼를 낚아채 잡고 있다. 참매가 장끼의 두 다리를 잡으며 공격하고 있는데, 장끼의 발에 있는 며느리발톱이 날카롭다.

냥이다. 사냥꾼이 개나 몰이꾼을 이용하여 꿩을 튀어 오르게 한 다음 사냥을 하는 것인데, 이때 총 대신 길들여진 참매를 날려 도망가는 꿩을 덮쳐 낚아채게 하는 것이다. 이처럼 사람의 개입 없이는 야생의 꿩이 참매의 코앞에서 공중으로 날아오를 일이 거의 없다. 날지 않고 바닥을 재빠르게 기어서 움직이는 꿩은 참매에게 사냥할 기회를 좀처럼 주지 않는다.

 참매 둥지를 찍는 동안 수컷이 암컷이나 새끼들의 먹이로 꿩을 잡아오는 것을 한 번도 보지 못했다. 꿩의 새끼인 꺼병이도 딱 한번 잡아왔던 것이 전부였다. 참매는 굳이 숨어 다니는 꿩을 잡으려 애쓰지 않을뿐더러 꿩도 참매의 먹잇감이 되도록 몸을 함부로 드러내지 않는다. 참매가 숲에서 새끼를 키울 때나 겨울나기를 할 때에 풀이나 잡목 속에 몸을 숨긴 꿩보다는 언제나 몸을 드러내고 있는 오리들을 더 많이 공격한다는

1 알에서 깬 지 24일 된 어린 참매들이 아비가 먹이로 던져 놓고 간 꺼병이꿩의 새끼를 들고 있다. 한 번도 장끼나 까투리를 잡아온 적은 없다.
2 아직 스스로 먹이를 잘게 뜯어먹지 못하기 때문에 꺼병이를 통째로 들었다 놓았다 만을 되풀이하며 어미를 기다리고 있다.

해미천의 갈대숲에는 꿩들이 많이 살고 있지만 참매는 이들을 사냥하지 않는다. 꿩은 갈대 높이 정도로 낮게 날아 자리를 옮기며 그 거리도 짧다. 참매는 꿩을 뒤따라간다고 해도 낚아채기 전에 꿩이 갈대숲이나 덤불 속으로 몸을 숨긴다는 사실을 이미 알고 있는 것인지도 모르겠다.

사실만으로도 야생에서 꿩 사냥이 호락호락하지 않다는 것을 알 수 있다. 또 꿩은 천적에게 공격을 당하면 얌전히 당하는 것이 아니라 몸을 뒤집어 눕히고는 발가락으로 상대방을 막거나 공격을 한다. 그 때문에 꿩 사냥을 피하는 것은 아닌가 하는 생각이 들기도 한다. 특히 수컷인 장끼는 네 개의 발가락 외에 까투리에게는 없는 며느리발톱이 발목 근처에 하나 더 있다. 새들의 며느리발톱은 주로 공격용으로 쓰인다. 설마 참매가 장끼의 이 발톱을 겁내는 것은 아니겠지.

겨우내 서산의 천수만 위쪽에 있는 해미천가에 머물며 참매가 사냥하는 모습을 사진으로 담기 위해 관찰해 왔지만 꿩을 사냥하는 것은 한 번도 보지 못했다. 해미천의 우거진 갈대숲에는 꿩이 많았지만 매복을 하던 참매가 갈대숲에 숨어 있는 꿩을 노리거나 날아가는 꿩을 뒤쫓으며 공격하는 모습은 본 적이 없었다. 사냥하는 장면은 한

눈을 팔다가 놓쳤다고 해도 사냥한 꿩을 먹는 것조차 보지 못했다. 물론 아무리 은밀하고 조심성이 많은 꿩이라 해도 참매가 있는 곳을 무심코 지나가는 실수를 한다면 참매는 기회를 놓치지 않을 것이다. 처음 해미천에서 참매의 사냥 순간을 찍기 시작했을 무렵에는 참매가 꿩을 사냥하길 은근히 기다렸다. 아무래도 '참매' 하면 '꿩 사냥'이 떠올랐기 때문이었다. 더구나 참매가 매복하기 좋아하는 나무 아래에서 한낮에도 꿩들이 움직이는 모습을 심심치 않게 보았던 터라 곧 꿩을 사냥하는 순간을 찍을 수 있을 것이라 생각했었다. 그러나 한겨울이 다 가도록 사냥하는 모습은커녕 사냥하기 위해 참매가 꿩을 따라가는 모습도 한 번 보지 못했다. '꿩 잡는 게 매'라는 속담이 무색했다. 결국 긴 세월 전해져 온 참매의 꿩 사냥은 사람이 길들여 시킨 사냥법일 뿐 야생에서는 쉽게 볼 수 있는 광경은 아니었다.

  참매는 은밀하게 매복하고 있다가 먹잇감이 스스로 가까이 다가왔을 때 기습적으로 공격하는 방식으로 사냥을 해 왔다. 이 사냥법은 꿩처럼 잡목 속이나 풀숲을 설설 기는 사냥감을 따라 들어가 사냥하기에는 날개를 다칠 위험이 있어서 좋은 방법은 아니다. 새들에게 날개는 생명이나 마찬가지가 아닌가? 더구나 꿩은 참매가 가까이 있을 때는 날아오르지 않는다. 사냥개나 사람이 다가온다면 어쩔 수 없지만. 야생에서 마주치는 참매의 눈빛은 보는 것만으로도 기가 죽을 만큼 서슬이 시퍼렇다. 사람에게 길들여진 참매가 꿩 사냥을 시연하는 모습을 볼 기회가 있었는데, 그때 풀죽은 참매의 눈빛은 오랫동안 잊을 수가 없었다. 그 모습을 본 이후 천년을 이어왔다는 참매의 꿩 사냥보다는 야생에서 몇 시간이고 끈질기게 매복하다가 한순간에 사냥감을 낚아채는 야생 참매의 카리스마 넘치는 사냥법과 강렬한 눈빛을 더욱 사랑하게 되었다. 앞으로도 야생의 참매는 자신들만의 방법으로 사냥할 것이고, 난 그 순간을 찍기 위해 고지식한 도전을 계속할 것이다.

겨울 철새인 기러기와 오리가 먼 거리를 날아온 지친 날개를 접고 물에서 쉬고 있다. 먹이를 찾아 들녘으로 나가 있어야 할 기러기가 한낮에 물가에 있다는 것은 먹이보다 휴식이 급하다는 뜻이다.

환경 변화에
빠르게 적응하다

2010년 겨울을 꼬박 서산의 해미천에서 지내며 참매의 사냥 습성에는 어느 정도 익숙해졌으나 끝내 원하는 순간은 사진으로 담지 못한 채 아쉽게 그 겨울이 끝났다. 다시 찾아온 겨울, 천수만의 해미천에는 변함없이 겨울 철새들이 날아들었다. 지난해의 경험을 살려 이번에는 꼭 참매의 사냥 순간을 생생하게 담아 오겠다는 각오로 천수만으로 내려왔다. 그런데 지난해까지 참매가 매복하던 해미천가의 버드나무들이 감쪽같이 없어졌다. 올 겨울도 변함없이 초소에서 철새 지킴이를 하시는 송 선생도 황당하다는 표정으로, '그저 한국농어촌공사에서 하천의 물길에 방해가 된다고 나무들을 베어 낸 것이 아닐까 짐작할 뿐'이라고 말씀하셨다. 지난겨울 내내 고생하면서 참매의 사냥 습성을 겨우 알아냈으니 이번엔 사냥 순간을 찍을 수 있겠다는 자신감으로 내려왔는데 뜻하지 않게 변해 버린 해미천의 모습에 다시 막막해졌다. 환경에 따라 달라지는 참매의 사냥 버릇을 또 처음부터 살펴야 한다고 생각하니 답답하기만 했다. 내 마음만큼 으스스한 찬바람이 드넓은 천수만 들녘을 휩쓸고 지나갔다.

벼 베기를 마친 11월의 천수만 들녘으로 나락을 먹기 위해 겨울 철새인 기러기가 수없이 날아들고 있다.

참매의 먹잇감인 오리들이 서산 시내에서 흘러드는 청지천과 해미읍내에서 내려오는 해미천이 만나는 곳에서부터 간월호로 흘러드는 입구까지 약 2킬로미터 구간의 시냇물에 흩어져서 놀고 있으니 어느 곳에서 참매가 사냥할지 이제 짐작하기조차 어렵게 되었다. 간월호 가까이 해미천이 흐르는 물 가운데에 아직 버드나무 몇 그루가 남아 있다. 만약 그 나무에서 참매가 매복을 한다면 둑에서 너무 멀리 떨어져 있어 사진을 찍는 것은 어렵다고 봐야 한다. 한숨이 먼저 새어 나왔다. 하는 수 없다. 며칠 시간을 갖고 개천을 위아래로 훑으면서 참매의 움직임을 살펴보기로 계획을 세운다. 처음부터 다시 시작이다.

천수만의 해미천 둑에 줄지어 서 있던 버드나무가 베어져서 참매는 매복 장소를 잃었는데 참매의 사냥감인 오리들은 여전히 물가에서 한가롭게 놀고 있다.

도비산 자락으로 둥근 달이 기울어지는 새벽, 해미천을 찾았다. 청지천과 해미천이 만나는 초소 앞 모래톱에는 여전히 오리들이 새카맣게 모여 물안개 속에서 몸을 웅크리고 자고 있다. 초소 가까이에 차를 세우고 오리들이 모여 있는 개울 아래쪽을 쌍안경으로 살피는데 갑자기 오리들이 우르르 이리 몰리고 저리 몰린다. 무엇인가에 쫓기는 것이 분명하다. 급하게 쌍안경을 휘둘러보지만 알 수가 없다. 아직 해가 뜨지 않은 미명에 물안개까지 보태니 거리가 좀 있는 곳의 형편을 알아보기가 어렵다. 오리들의 사정을 살피기 위해 조심조심 차를 몰아 아래쪽으로 내려갔다. 개울 가운데에서 긴장한 듯 고개를 들고 날개를 퍼덕이는 오리들의 몸짓은 분명히 무언가 경계하는 모습이

1 참매가 즐겨 매복하며 사냥감을 노리던 해미천 둑의 버드나무가 모두 베어져 어디에서 매복할지 궁금했는데, 참매 어미 새가 개울 한가운데에 낮게 앉아서 오리를 기다리고 있다.
2 그것도 잠깐 내 차가 다가가는 것을 보고는 가차 없이 날아가 버린다.

다. 차를 멈추고 쌍안경으로 다시 한 번 오리들 둘레를 살폈다. 오리들이 있는 곳에서 50여 미터 떨어진 하천 가운데에 참매 어미 새 한 마리가 엷은 안개 속에 앉아 있다. 물 위로 삐죽이 솟은 나무 둥치 같은 곳에. 지난해 둑 가장자리 나무에 앉아 있던 참매가 물 가운데로 나앉아 오리들을 노리고 있다. 참매가 어떤 움직임을 보일지 몰라 막막했는데 실마리를 찾은 것 같다. 그러나 예민한 참매는 내 차가 다가서는 것을 흘낏 보더니 미련 없이 건너편 둑을 넘어 들녘으로 사라져 버린다.

　은밀한 매복을 즐기는 참매의 사냥 버릇이 점점 내 처지를 딱하게 만들었다. 내가 덜 옹색해지는 방법은 기온이 많이 떨어져서 개울물이 얼기를 기다리는 것이다. 물이 얼면 아무리 추워도 얼지 않는 해미천과 청지천이 만나는 모래톱 근처로 오리들이 모여들 테고, 참매도 먹잇감인 오리를 사냥하러 찾아올 테니까. 그럼 나는 미리 사진 찍기 좋은 곳에 자리를 잡고 기다리면 녀석들을 찍을 수 있을 것이다. 이런저런 고민 끝에 초소 가까이에 자리를 잡고 기다리기로 결정했다. 두 개천이 만나는 모래톱의 갈대숲에 위장 텐트를 세웠다. 참매 둥지를 찍을 때 썼던 위장 텐트를 치고 갈대를 꺾어 꼼꼼하게 덮었다. 멀리서는 텐트인지 알아볼 수 없도록 꾸몄으나 안에서는 모래톱이 훤히 내다보였다. 이제 얼음이 얼면 오리들이 모여들 것이다. 모든 준비를 마치고 기다렸으나 3주가 지나도록 개울물은 얼지 않았다. 따뜻한 날씨에 하늘만 올려다보며 한숨을 쉬고 있는 나와는 달리 오리들은 얼지 않은 논으로 낟알을 주워 먹으러 나갔다. 참매도 오리들을 따라간 듯 오후의 해미천은 텅 비어 있다.

　몇 주일째 허송세월하는데 원주천에서 참매의 사냥 모습을 볼 수 있다는 전갈이 왔다. 연락을 주신 조성원 선생은 새 사진도 찍고 야생 동식물의 서식 환경 보호와 조사 업무를 보시는 생태 전문가로, 강원도 화천의 은사시나무 숲으로 까막딱따구리를 보러 갔을 때 처음 뵈었다. 그때 이런저런 이야기 끝에 참매 사진을 찍는다는 말씀을 드

해미천과 청지천이 만나는 곳의 갈대숲에 위장 텐트를 치고 텐트 위에 갈대를 덧덮어 위장을 했다. 오리가 모이는 곳으로 카메라가 향하도록 설치하면 텐트의 다른 방향으로는 구멍이 없어서 몹시 답답했다.

렸는데 감사하게도 잊지 않고 원주천에 참매가 나타났다고 알려온 것이다. 사진은 찍지 못하고 시간만 보내고 있던 터에 폭이 넓지 않은 원주천에서 심심치 않게 참매가 사냥하는 모습을 볼 수 있다는 말씀에 곧바로 원주로 향했다. 조 선생의 자세한 설명 덕에 어렵지 않게 원주천에 도착했는데 참매가 아니라 엽총을 든 포수들이 기다리고 있었다.

너비가 해미천 반밖에 되지 않는 원주천에는 오리도 그다지 많지 않았다. 둑 바로 옆으로 백로들의 묵은 둥지가 매달린 큰 낙엽송이 원주천을 향해 늘어서 있는 작은 산이 하나 있는데, 참매는 그 산의 낙엽송에 매복하고 있다가 오리를 사냥한다고 했다. 건너편 둑길과 나란히 달리는 원주 시내로 들어가는 4차선 도로에는 차들이 바삐 오갔다. 그런 환경에 이미 적응이 되었는지 오리들은 오가는 자동차에 관심이 없다. 지나다니는 자동차 말고는 참매가 사냥하기 좋은 환경이다. 산 아래 둑길에서 주변을 살

피며 오리들을 보고 있는데, 건너편 둑길로 지프 한 대가 슬금슬금 다가와 총을 든 사냥꾼이 내리더니 놀라 날아오르는 오리들을 향해 총을 쏘았다. 세 발의 총소리에 두 마리의 오리가 무리에서 벗어나 강바닥으로 곤두박질쳤다. 평화롭던 원주천이 눈 깜짝할 사이에 살벌한 전장을 방불케 했다. 오리들이 날아가 버린 원주천으로 사냥개가 뛰어들어 죽은 오리를 물고 나왔다. 놀랄 사이도 없이 순식간에 벌어진 일이었다.

원주천 옆의 작은 산에 있는 낙엽송 나무에는 철 지난 백로 둥지들이 남아 있다. 참매 어미 새 한 마리가 그 낙엽송에 앉아 원주천을 굽어보며 사냥감인 오리들을 기다리고 있다.

정신을 차리고 파출소에 신고를 하니 바로 경찰차가 왔다. 경찰에게 방금 벌어졌던 황당한 풍경을 이야기했더니 "수렵 허가가 나서 막을 방법이 없으니 허가해 준 원주시청 쪽으로 항의하라."는 대답이 돌아왔다. 그러고는 쌩하니 돌아갔다. 시청으로 전화해 "오리를 향해 총을 겨눈다지만 건너편에 집도 있고 자동차가 빈번히 오갈 뿐만 아니라 가끔 사람들도 걸어 다니니 이곳에서 사냥꾼이 총을 쏘는 것은 매우 위험하다."고 이야기했더니 바로 조사해서 대책을 세우겠다고 했다. 그 일로 그날은 참매 구경도 못하고 돌아왔는데, 며칠 후 다시 갔더니 사냥꾼이 사냥하던 곳에 '수렵 금지'라는 깃발이 꽂혀 있었다.

원주천 둑길에 차를 세우고 참매가 나타나기를 기다린다. 서산의 해미천만큼 오리가 많지는 않았다. 주변 사람들 이야기로는 지난해에 비해서도 훨씬 줄어든 것이라고 한다. 무작정 기다리기를 3시간, 어느덧 해가 머리 위에 와 있다. 오리 무리 속에서 흰뺨검둥오리 한 쌍이 날아올라 개울을 따라 위쪽으로 낮게 날아가는 모습을 물끄러미 바라보고 있는데 갑자기 산 쪽에서 참매 어미 새 한 마리가 나타나 오리 뒤를 쫓는다. 순식간에 벌어진 일이라 미처 카메라를 들이대지도 못하고 멀거니 바라볼 수밖에 없다. 오리들이 하늘 높이 날아갈 때는 참매가 멀뚱히 쳐다보기만 하더니 개울물 위로 낮게 나니 재빨리 사냥을 시작한 것이다. 바짝 따라붙어 곧 오리를 낚아챌 듯 아슬아슬한데 순간 참매가 하늘로 솟구친다. 바로 앞에 원주천을 가로지르는 콘크리트 다리가 나타나 오리는 다리 밑으로 도망치고 참매는 다리를 피하느라 하늘 위로 솟구친 것이다. 비록 사냥에는 실패했지만 드디어 원주천에서 참매가 오리를 뒤쫓는 모습을 보았다. 겨울 날씨가 따뜻하여 이곳의 개울물도 얼지 않았다. 오리들이 넓게 흩어져 있어서 이곳의 참매도 사냥하기가 쉽지는 않아 보인다.

원주천과 천수만을 오가면서 별로 한 일도 없이 한 해가 또 저물었다. 참매가 사냥

1 원주천에서 만난 보라매도 어미 참매를 따라다니고 있었다. 어미가 하는 대로 원주천 가장자리에 내려앉았다.
2 어미 참매를 따라다니는 원주천 보라매는 때때로 배고프다며 "끼아악, 끼아악" 어미에게 보채기도 한다. 개울에서 죽은 오리를 먹고 있는 어미에게 보라매가 다가왔다.
3 그러나 어미 참매는 먹던 먹이를 보라매에게 양보하지 않고 소리를 지르며 쫓아냈다.

쇠오리와 알락오리가 섞여 물속의 먹이를 잡으려 물구나무서기를 하고 있다. 오리들이 무리를 지어 있는 것은 위험이 닥쳤을 때 서로에게 도움이 된다는 사실을 본능적으로 알고 있기 때문이다.

하는 순간을 찍겠다고 나선 지 이제 삼 년째다. 고생한 보람도 없이 두 해의 겨울을 빈손으로 보내고 3년째인 2012년을 맞는다. 겨울답게 매섭게 추워야 참매가 사냥하는 모습을 찍기 좋은 환경이 되는데 새해가 밝았는데도 날씨는 여전히 매섭지가 않다.

  천수만으로 돌아와 시냇물이 얼기를 기다려 보지만 따뜻한 날씨에 공사장 차량들만 신이 나서 바쁘게 내달린다. 초소 건너편 둑길에도 근처에서 수로 공사를 하는 중장비와 트럭들이 해가 뜨기 전부터 하루 종일 요란한 소리를 내며 오간다. 이렇게 소란스런 분위기에서는 참매가 사냥할 리 없다. 맥 놓고 해미천 위의 오리들이 오가는 모습을 무심코 쳐다보고 있는데, 참매 어미 새가 건너편 논에서 낮게 날아올라 갈대밭을 스치듯 지나서는 초소 쪽 둑의 비탈진 곳에 내려앉는다. 멍하니 있다가 참매를 보자 가슴이 마구 뛰었다. 10여 분쯤 앉아 있다가 다시 훌쩍 튀어 올라 초소 가까운 갈대밭

오리 사냥에 실패한 참매가 갈대밭 위를 낮게 날아서 다른 사냥터를 찾아 조용히 자리를 옮기고 있다.

으로 몸을 숨긴다. 모래톱의 오리들은 참매가 나타난 것을 아직 눈치채지 못한 듯 조용하다. 10여 분쯤 그곳에 몸을 숨기고 있던 참매는 다시 날았다가 초소 바로 앞 갈대밭에 내려앉는다. 청지천이 흘러들어 오는 곳에서 기껏해야 20여 미터 남짓한 거리에 참매가 매복해 있는 것이다. 그곳 물 위에는 쇠오리와 알락오리 몇 마리가 물속에 머리를 처박고 먹이 찾기에 여념이 없다. 매복해 있을 나무가 없으니 마치 아프리카 사자가 목표로 삼은 사냥감에게 조심조심 다가가듯이 갈대밭에 숨어서 공격할 기회를 노리는 모양이다. 휙 하니 한 번에 다가가는 것이 아니라 오리들이 눈치채지 못하도록 여러 번에 걸쳐 다가가고 있다.

이런, 마지막에 몸을 숨긴 갈대밭이 너무 가까웠던 모양이다. 참매가 낮게 날아 갈대 속으로 들어갈 때 오리들이 눈치를 채고 말았다. 오리들은 황급히 자리를 뜨고 개울가에는 영문을 모르는 백할미새 한 마리만 까딱까딱 먹이 찾기에 여념이 없다. 오리들이 모두 도망가 버렸다는 것을 알았는지 잠시 후 참매도 계면쩍은 듯 슬그머니 해미천 위쪽으로 날아가 버린다. 이제부터는 참매를 찾아다니지 말고 오리가 많이 모여 있는 곳에서 녀석들이 나타나기를 기다려야겠다. 그때가 언제일지는 모르지만.

　이튿날 새벽, 일찌감치 텐트 안으로 들어가려고 둑 위에 차를 세워 두고 개울로 내려와 텐트 쪽으로 가는데 가까이에 있던 오리들이 놀라 날아가 버린다. 서둘러 텐트로 들어가 밖을 내다보니 모래톱과 개울물 위에 오리가 한 마리도 없다. 카메라를 설치하고 오리들이 돌아오기를 기다린다. 지루한 기다림의 시간이 지나고 제일 먼저 물닭들이 나타나더니 텐트 앞으로 옹기종기 모여든다. 쇠오리 한 쌍이 날아드나 했더니 슬금슬금 청둥오리들도 보이기 시작한다. 금세 텐트 앞은 오리들로 북적인다. 이제 참매가 오리들을 사냥하러 오기만 하면 된다. 좁은 텐트 안이라 자세가 불편해서 곧 허리가 뻣뻣해지고 다리도 저린다. 허리를 주무르고 다리도 살짝 뻗으며 시린 발과 몸을 추슬러 본다. 텐트 건너편 둑에서는 수로 공사 중인 포크레인이 윙윙거리고 흙을 실은 트럭이 쉴 새 없이 오간다. 공사 때문에 소란스러워 참매가 나타나지 않을 것 같아 조바심이 났다. 사진 찍기를 포기할까 말까 오전 내내 마음이 오락가락한다. 기다리자니 주변이 너무 소란스럽고, 포기하고 나가자니 기다린 시간이 아깝기도 하고 평화롭게 쉬고 있는 오리들을 놀라게 할 것 같아 미안한 생각에 우물쭈물하는 사이 시간만 흐른다.

　바로 그때 텐트 앞에 모여 있던 오리들이 한쪽으로 우르르 몰리면서 소란스럽다. 틀림없이 무엇인가 나타난 것이다. 황급히 카메라 뷰파인더를 들여다보면서 오리들의 움직임을 살피는데 초소의 송 선생에게서 전화가 왔다. "참매가 사냥을 해요. 빨리 나와 보세요." 초소 앞에서 오리를 쫓고 있다는데, 하필이면 텐트에서는 보이지 않는 곳이다. '아니 무슨 이런 일…….' 내가 볼 수 있는 곳을 피해 하필이면 초소 앞이었다니. 좁은 텐트 안에서 몇 시간째 고생한 보람도 없이 엉뚱한 곳에서 사냥을 하고 있다는 말에 너무 속상해 속이 뒤집어진다. 커피 마시러 나오라고 권할 때 나갔으면 사냥 순간을 포착할 수 있었을지도 모른다. 어떻게 할까, 지금이라도 나갈까? 지금 나가면 녀석이 놀라서 포기하고 가버릴지도 모른다. 그렇게 또 망설임의 긴 시간이 흘렀다. 혹시나 싶어 나가지는 못하고 송 선생에게 전화를 걸었더니 참매가 사냥을 끝내고 오리를 물 밖으로 끌고 나와 모래톱에서 뜯어먹고 있다고 한다. 그렇다면 텐트에 있는 것이 아무런 의미도 없다.

　카메라를 메고 밖으로 나왔다. 조심조심 갈대를 헤치며 초소 쪽으로 가면서 참매가 어디쯤 있는지 찾았다. 순간 물가 모래톱에서 먹이를 먹던 녀석과 눈이 마주쳤다. 나를 보고 놀란 녀석은 먹이를 움켜쥐고 초소 건너편 논으로 황급히 날아가 버린다. 또다시 맥이 쭉 빠진다. 중요한 사냥 순간을 놓친 것도 안타깝고, 불편한 텐트 속에서 고생한 시간도 아깝기만 하다. 사냥한 오리를 쥐고 날아가는 참매의 뒷모습이 매끈한 것으로 보아 수컷 같다. 먹이를 먹는 모습이라도 찍어야겠다는 마음에 차로 돌아와 참매가 날아간 논으로 내달린다.

　멀리서 보니 까마귀와 까치가 몰려들어 소란을 떨고 있는 곳에 참매가 자리 잡고 먹이를 먹고 있다. 차를 슬슬 몰아 다가가서는 사진을 찍는다. 가깝게 다가온 내 차를 경계하랴, 성가시게 몰려드는 까치와 까마귀를 쫓으랴, 먹이를 먹으랴 녀석이 몹시 분주하다. 사냥감은 오리 가운데에서 덩치가 가장 작은 쇠오리다. 사냥꾼 참매는 짐작대로 나이가 많은 수컷이다. 역시 노련한 녀석이라 단 한 번의 공격으로 사냥에 성공했나 싶다. 30분 만에 쇠오리는 뼈와 날갯죽지만 남았다. 모이주머니가 불룩해진 수컷 참매는 미련 없이 자리를 박차고 훌쩍 날아오른다. 사냥하는 순간은 또 놓쳤지만 나이든 멋진 수컷을 본 것으로 위안을 삼았다.

1 해미천에서 쇠오리 암컷을 사냥한 참매 어미 새가 먹이를 먹어도 괜찮을지 주변을 경계하고 있다. 참매의 눈동자가 짙은 주황색인 것으로 보아 나이가 꽤 든 수컷으로 보인다.

2 참매가 자리 잡은 곳이 사방이 트인 드넓은 논바닥이다 보니 혹시 얻어먹을 것이 있을까 해서 까치와 까마귀가 모여들었다. 참매는 이들을 귀찮아 할 뿐 경계하지는 않는다.

3 사냥한 먹이를 먹고 있는데 까치와 까마귀가 계속 귀찮게 굴자 참매가 먹이를 들고 다른 곳으로 자리를 옮기고 있다.

사냥을 하려고 참매 어미 새가 버드나무에 앉았는데 까치가 자기들 영역이라며 시위를 하듯 귀찮게 굴고 있다.

사진을 찍고 초소로 돌아오니 송 선생이 침을 튀기며 직접 눈앞에서 확인한 참매 사냥 순간을 당신의 무용담인 것처럼 이야기하자 은근히 부아가 났다. 참매의 사냥 순간이 자꾸만 눈앞에서 어른거려 다시는 텐트로 들어가지 않겠다고 속으로 다짐을 했다. 그날 이후로 초소 가까운 곳에 차를 세우고 참매가 자주 나타났던 개울 쪽을 지켜보고 있다. 갑자기 시작되는 참매의 사냥 순간을 찍을 수 있도록 카메라는 손이 닿는 가까운 자리에 두었다. 밤에는 영하로 떨어지지만 한낮에는 영상으로 올라가는 날씨 때문에 얼었던 해미천의 개울물이 녹고 들판에는 아지랑이까지 가물가물한다.

초소 앞 사냥 순간을 놓친 며칠 후, 하수종말처리장에서 깨끗하게 걸러진 물이 흘러나오는 청지천 둑에 있는 버드나무 위에 하얀 배를 드러낸 채 참매 어미 새가 그림 같이 앉아 있는 것이 눈에 띄었다. 해미천의 버드나무는 모두 잘라 냈는데 어찌된 일인지 이곳 청지천의 버드나무는 그대로 두었다. 초소 바로 옆에 새로 만든 콘크리트 다리에서 건너다보이는 위치라 차를 다리 위로 슬쩍 올려놓고 운전석에 앉아 살펴보기로 한다. 내 차의 움직임에 혹시 자리를 옮길까 조마조마했는데 다리 위의 차를 경계하는 것 같지는 않다. 창문에 위장 천을 두르고 창문을 내렸다. 위장 천에 가려 참매는 나를 볼 수 없을 것이다. 그러고는 뷰파인더를 참매에 고정시켰다. 참매가 언제 오리들을 공격할지 모르니 카메라에서 눈을 뗄 수는 없다.

다리 아래 청지천에는 쇠오리 대여섯 마리와 알락오리 서너 마리가 꽁무니를 하늘로 치켜들고 물구나무서듯 물속의 먹이를 찾고 있다. 참매가 오리들에게서 눈을 떼지 않는다. 그곳에서 개울 위쪽으로 수백 마리는 되어 보이는 오리들이 새까맣게 앉았는데 그쪽으로는 눈길 한 번 주지 않는다. 이상하다. 수가 많은 오리 무리를 공격해야 사냥 성공률이 높지 않을까? 그런데 뷰파인더 속 참매는 큰 무리와 멀리 떨어져 있는 버드나무 근처의 작은 무리를 노리고 있다. 쇠오리들은 참매가 자신들을 노리고 있다

1 참매가 버드나무에 앉아 공격할 틈을 엿보고 있는 가운데 삼삼오오 무리를 이룬 오리들은 물속에 머리를 박고 먹이를 찾느라 정신이 없다. 무리 중 한두 마리는 동료들이 먹이를 잡는 동안 고개를 들고 경계를 한다.
2 경계를 서던 녀석까지 모두 물속의 먹이를 잡느라 허술한 틈이 생겼다. 참매는 바로 이 순간을 노리고 있는 것인지도 모르겠다.
3 삼삼오오 흩어져 먹이를 찾던 오리들이 일순 주변을 경계하며 한 덩어리로 뭉쳤다. 모두 고개를 들고 긴장한 기색이 역력한 모습에서 위험에 똑같이 반응하는 먹히는 자들의 본능을 엿볼 수 있다.

| 1 |
| 2 |
| 3 |

는 사실은 까맣게 모른 채 싱크로나이즈드 스위밍이라도 하듯이 물속에 머리를 박고 있다. 자세히 보니 무리를 이룬 녀석들이 한꺼번에 물구나무를 서는 것은 아니다. 그중 한 녀석은 주위를 경계하느라 머리가 물 밖으로 나와 있다. 참매는 쇠오리의 작은 움직임도 주의 깊게 살피고 있는 것 같다. 쇠오리가 경계하는 녀석도 없이 모두 머리를 물속으로 밀어넣는 순간을 노리는 것은 아닐까? 그게 아니라면 참매가 버드나무에 앉아서 저리 오랫동안 쇠오리를 관찰만 하고 있지는 않을 것이다. 운전석에서 뷰파인더를 응시한 채로 몇 시간째다. 그동안은 참매가 사냥감들 근처에서 왜 그렇게 오랫동안 매복을 하는지 영문을 전혀 몰랐다. 그저 공격할 기회를 노리는 것이려니 하고 어렴풋이 짐작할 뿐이었다. 쇠오리를 주시하는 참매를 뷰파인더로 관찰하면서 사냥감이 경계를 늦추는 짧은 순간을 잡기 위해 끈질기게 기다리는 참매의 주도면밀한 사냥 습성을 이제야 조금 알 것 같다. 경계하는 녀석 하나 없이 모두가 물속으로 머리를 틀어박는 바로 그때를 기다리는 것이 아니라면 무엇이겠는가?

뷰파인더 속 참매와 물 위의 쇠오리를 번갈아 보면서 어느 순간에 공격할지 내가 더 조마조마하다. 점심을 함께하자는 초소 송 선생의 제의도 뿌리치고 기필코 참매의 사냥 순간을 찍으리라 의욕을 불태운다. 근처에서 놀던 알락오리들이 개울 위쪽으로 헤엄쳐 가 버려서 이제 버드나무 근처에는 쇠오리 다섯 마리만 남았다. 아무리 살펴보아도 다섯 마리가 동시에 물속으로 머리를 집어넣는 순간은 단 한 번도 없다. 그렇게 카메라에 눈을 맞추고 있은 지 1시간 20분. 슬슬 쇠오리 다섯 마리가 함께 물속으로 곤두박질치는 횟수가 잦아진다. 경계심이 풀어져 방심하는 듯하다. '바로 이런 순간을 노리는 것이 아닐까' 초조해지는 내 마음과는 달리 나무 위의 참매는 여전히 꼼짝도 하지 않는다. 그러나 쇠오리를 노려보는 참매의 눈매만은 예사롭지 않다. 일촉즉발의 팽팽한 긴장감이 감돈다. 그런 참매 옆으로 눈치 없는 까치들이 모여드는데 참매는 처다보지도 않는다. 오로지 쇠오리의 움직임만을 헤아리고 있다. 때를 기다리며 카메라 뷰파인더에 고정시킨 눈동자에 나도 모르게 힘이 들어간다. 셔터 위의 오른손 검지가 뻣뻣해진다.

  한순간, 참매가 나뭇가지에서 미끄러지듯 소리 없이 날아 내렸다. 숨이 턱 막히고 심장이 쿵쿵 요동을 친다. 쇠오리 다섯 마리의 머리가 동시에 물속으로 들어가 있는 모습이 언뜻 스친다. 그 순간 개울 바닥으로 낮게 날던 참매가 물 위로 덮쳤다. 쇠오리들이 몸을 세우고 황급히 물을 박차며 사방으로 흩어진다. 눈 깜짝할 사이다. 셔터는 참매를 따라 다니며 연이어 울려 댔다. 제일 늦게 물 위로 솟구친 쇠오리 머리 위에서 참매가 제자리 날기를 하며 낚아챌 순간을 재고 있던 그때, 쇠오리가 물속으로 잽싸게 들어가 버린다. '풍덩' 물보라가 튄다. 나로서는 전혀 예상하지 못했던 일이다. 그런데 참매는 마치 이 순간을 기다리기라도 했다는 듯이 제자리에서 날면서 물속으로 들어간 쇠오리가 물 위로 떠오르기를 기다린다. 숨을 쉬기 위해 쇠오리가 물 위로 올라오는 순간 사냥이 시작될 것이라 짐작하고 있었는데, 어느 순간 망설임도 없이 쇠오리를 향해 참매가 물속으로 뛰어들었다. 물수리가 물고기를 낚아채려고 물속으로 뛰어드는 모습과 비슷하다. 참매는 물을 두려워하지 않는데, 짐작하지 못한 참매의 동작에 내가 놀라 온 신경이 곤두섰다.

  잡았을까? 뷰파인더 속의 참매를 따라 정신없이 셔터를 눌러 대면서도 신경은 온통 물속으로 뻗친다. 쇠오리가 한 발 빨랐다. 물로 뛰어든 참매 뒤쪽에서 물장구라도 치듯 쇠오리의 몸이 솟구친다. 참매의 날카로운 발톱을 피한 것이다. 참매는 물에서 빠져나오느라 달아나는 쇠오리를 미처 보지 못한다. 녀석은 한 바퀴 돌아 다시 제자리 날기를 하며 뒤쪽으로 달아나는 쇠오리를 뒤늦게 발견했다. 그러나 공격하기에는 너무 멀리 달아났다. 뒤쫓는 것을 포기하고 뒤돌아 버드나무로 내려앉는다. 참매는 지구

나무에 앉아 기회를 엿보던 참매가 개울 쪽으로 낮게 날아 내린다. 미처 도망가지 못한 쇠오리가 물속으로 숨어들자 주저하지 않고 물로 뛰어들어 오리를 덮쳤으나 물이 깊었는지 실패하고 말았다.

1	2	3	4
5	6	7	8
9	10		

사냥에 실패하고 다시 나무로 돌아온 참매 어미 새가 젖은 꼬리깃을 펴서 말리고 있다. 발과 꼬리만 물에 잠겼는지 날개깃은 말리지 않는다.

력이 없는 것 같다. 한 번 실패하면 더 이상 추격하지 않는다. 나무로 돌아온 참매가 몸을 부르르 떨며 젖은 깃털에서 물을 털어 낸다. 꼬리깃을 부채처럼 활짝 펴고는 젖은 깃털을 말린다. 한참을 깃털 말리기에 공을 들였다.

더할 수 없이 좋은 기회여서 틀림없이 사냥에 성공할 줄 알았는데 쇠오리가 물속으로 도망을 칠 줄이야! 물로 뛰어든 참매는 물의 깊이를 가늠하지 못했던 것 같다. 물이 얕았다면 쇠오리는 꼼짝없이 잡혔을 것이다. 너무나 아쉽다. 이런 기회가 또 있을까? 바로 내 앞에서 참매는 사냥감인 쇠오리가 눈치채지 못하도록 낮게 날아 낚아 챌 수 있는 거리까지 다가갔는데……. 아쉽다 못해 마음이 허탈해진다. 참매도 아쉬웠는지 버드나무에서 떠날 줄을 모른다. 점심시간이 훌쩍 지나 오후 2시가 지나도록 나도 자리를 떠나지 못한다.

이날 이후 일주일이 지나도록 참매는 그곳에 나타나지 않았다. 일주일 동안 참매 대신 참매의 먹잇감인 쇠오리, 청둥오리, 알락오리, 물닭 들이 노는 모습만 지겹도록 지켜봐야 했다. 소한은 지났지만 대한이 코앞인데 봄 날씨인 양 아지랑이가 신나게 춤을 춘다. 하늘거리는 아지랑이처럼 몸도 마음도 일렁인다.

드디어 사냥 순간을 드러내 보이다

참매가 야생 오리를 사냥하는 순간을 찍겠다고 오리들이 노니는 개울가에서 또 한 달을 보냈다. 이제 입춘과 우수가 코앞이다. 강물이 풀리기 시작하면 오리들은 번식지로 떠나갈 텐데 한숨이 절로 나온다. 마음이 초조하고 조바심은 나지만 희망을 버리지 않고 매일 아침 청지천으로 나갔다. 참매가 그곳에서 사냥을 계속해 왔기 때문이다. 이유는 정확히 모르겠지만 뜻을 이룰 것 같은 기분 좋은 느낌이 들어 긴장을 늦추지 않고 있다. 입춘을 며칠 앞둔 새벽, 밤새 눈이 살짝 뿌려서 해미천과 청지천을 하얗게 덮었다. 개울가에는 그 많던 까치와 까마귀가 한 마리도 보이지 않고 바람도 잦아들어 조용하다. 여느 때처럼 참매가 오리를 몇 차례 공격했던 곳이 내려다보이는 다리 위에 차를 세우고, 얼지 않은 개울 쪽에서 평화롭게 놀고 있는 오리들을 무심코 지켜보고 있었다.

"참매다!"

하수처리장 반대편 들녘 쪽에서 해를 등져 시커먼 참매가 청지천으로 훌쩍 날아들고 있다. 참매가 나타날 때마다 절로 몸은 긴장되고 숨이 멎는 것 같다. 오리들이 먼저 눈치채고는 한쪽으로 우르르 도망가느라 바쁘다. 참매는 우왕좌왕하는 오리들을 무시하고 당당하게 개천을 가로질러 하수처리장 쪽 둑에 서 있는 버드나무로 가 앉았다. 그러고는 꼬리를 살래살래 흔드는 모습이 마치 오리들의 소동을 계면쩍어 하는 것처럼 보인다. 다리 위의 나를 슬쩍 돌아보는 순간 카메라 뷰파인더 속에서 눈이 마주쳤다. "꼭 사냥에 성공해라!" 간절한 염원을 전한다.

긴장이 풀린 것인지 30분쯤 지나자 오리들이 삼삼오오 작은 무리를 이루어 참매가 있는 쪽으로 내려오기 시작하더니 한 시간 후에는 다시 북적일 정도로 모여들었다. 참매는 그런 오리들의 동정을 흘낏흘낏 살필 뿐 꼼짝 않고 끈질기게 기다린다. 오리들은 그새 참매의 존재를 잊은 듯하다. 물속에 머리를 박고 먹이를 찾는 녀석, 요란스런 물장구를 치며 목욕하는 녀석, 물가 모래바닥에 부리를 밀어 넣고 무엇인가를 찾는 녀석, 서로 가슴을 맞대고 힘겨루기를 하는 녀석들로 청지천이 북적북적한다. 참매가 사냥하기 좋은 순간이라 생각되는데 정작 참매는 여유롭게 내려다보기만 할 뿐 꿈쩍도 하지 않는다. '무엇을 기다리고 있을까?' 오히려 그런 모습을 뷰파인더로 지켜보는 내가 더 초조해진다.

그때 참매가 돌연 나뭇가지를 박차고 물 위로 날아들어 오리를 덮친다. 재빨리 참매를 뒤따르며 정신없이 셔터를 눌러 댔다. 느닷없이 모습을 드러낸 참매를 보자마자 오리들은 한데 뭉쳐 일제히 날아올랐다. 먹이를 찾으며 티격태격하던 녀석들이 위험이 닥치자 마치 훈련이라도 받은 것처럼 똘똘 뭉쳐서 일사불란하게 무리를 이루어 달아난다. 참매는 휘적휘적 그런 오리 무리를 따라간다. '저리 느려 터져서 오리를 잡을 수 있을까' 의심이 들 정도로 여유롭다. 내 마음이 더 급해진다. 오리들을 한쪽으로 몰아 놓고는 활짝 편 날개의 방향을 틀어 나뭇가지에 다시 내려앉는다. 참으로 어이없

1 청둥오리 암수 한 쌍이 힘겨루기를 하고 있다. 이들은 격렬하게 물고 뜯는 대신 서로 부리를 맞대고 가슴으로 상대를 힘껏 밀친다. 힘이 부족한 쪽이 뒤로 돌아 물러나면 승부가 결정된다. 참 신사적이다.
2 해미천에서 쇠오리 한 쌍이 다정하게 같은 곳에 부리를 대고 먹이를 찾고 있다. 2월로 접어들면 이들의 짝짓기 계절도 다가온다.

는 녀석이다. 이후에도 2~3번 더 오리들을 휘저어 놓았다. 이제 참매가 앉은 나무 주변에는 오리가 한 마리도 없다. 주변 개울은 텅 비었는데 참매만이 청지천변 나뭇가지를 지키고 앉았다.

    참매가 여러 번 휘저어 놓았으니 오리들이 바로 나타날 리가 없다. 잔뜩 기대하며 지켜보고 있던 나로서는 황당하기 그지없다. 녀석도 자신이 한 짓이 어이가 없는지 꼬리를 살래살래 흔들며 텅 빈 개울을 한참 동안 내려다보다가 안 되겠다 싶었는지 자리를 박차고 날아올라 건너편 들녘으로 사라진다. 오리도, 참매도 날아가 버린 텅 빈 청지천 물 위로 겨울 햇살이 부서져 내렸다. 언제 나타날지도 모를 참매를 또 하염없이 기다린다. 오후 4시, 해미천 초소의 송 선생이 새들의 겨울 먹이를 받으러 외출하자 사방은 더 고요해진 듯하다. 쓸쓸한 감정이 밀려들었다.

두 시간이 지나도록 꼼짝도 않던 참매 어미 새가 드디어 사냥을 시작했다. 쇠오리 무리가 우르르 청지천 개울 쪽으로 도망가는데 참매는 여유롭게 날며 이들을 뒤쫓고 있다.

아침 나절의 위험했던 순간을 모두 잊은 것인지 아니면 참매가 없다는 걸 아는 것인지 오리들이 참매가 자주 앉아 있던 버드나무 근처 개울로 몰려든다. 오리들이 오가는 모습을 맥 놓고 보고 있는데 거짓말처럼 참매 어미 새가 사뿐히 버드나무로 돌아와 앉는다. 낌새를 챈 오리들이 똘똘 뭉쳐 개울 위쪽으로 달아나 버려 물 위에는 또 한 마리도 남지 않았다. 참매는 그럴 줄 알았다는 듯 전혀 개의치 않는 것 같다. 여유롭게 깃털을 다듬기도 하고 두리번거리며 이곳저곳을 살피기도 한다. 애꿎은 나만 긴장하여 뷰파인더에서 눈을 떼지 못한다. 쇠오리 한 무리가 날아와 내려앉을 듯이 멈칫멈칫하

쇠오리 무리가 하수처리장 쪽의 저수조에서 청지천으로 날아들고 있다. 이들은 하루에도 몇 번씩 저수조와 청지천을 오가곤 한다.

다가 분위기가 이상했는지 개울 위쪽 동료들이 모여 있는 곳까지 가서 내려앉는다. 이어서 날아온 쇠오리들도 참매 가까운 곳의 텅 빈 개울 위로 내려앉으려고 속도를 늦추었다가는 이내 개울 위쪽으로 날아가 버린다. 본능적으로 동료가 많이 모여 있는 곳이 안전하다는 것을 아는 것 같다. 동료들이 많이 모여 있는 곳에 내려앉았던 오리들이 흐르는 물살을 타고 참매가 있는 곳으로 조금씩 흘러 내려왔다. 참매는 그런 오리들의 움직임을 알고 있다는 듯 꼼짝하지 않고 앉아 있다. 슬금슬금 내려오던 쇠오리들은 급기야 참매가 앉아 있는 버드나무를 스치듯 날아 넘어 하수처리장 안에 있는 저수조로 날아들어 갔다. 몇 무리의 쇠오리가 그렇게 저수조로 날아들더니 이번에는 저수조에 있던 녀석들이 참매가 앉은 버드나무 위를 지나 청지천으로 다시 날아온다. 참매가 나무 위를 오가는 쇠오리들을 번갈아 가며 왼쪽으로 보고 오른쪽으로 보느라 바쁘다. 그러는 사이 해가 서쪽 산으로 기운다. '빛이 있을 때 사냥을 하면 좋으련만' 애가 타는 내 마음을 모르는 참매는 여전히 자신을 사이에 두고 오가는 쇠오리들을 구경하느라 고개 돌리기에 바쁘다.

그렇게 하릴없이 시간을 보내던 참매가 마침내 앉은 자세를 바꾸었다. 뷰파인더 속에서 참매의 움직임을 보며 곧 쇠오리를 공격할 것이란 느낌이 온몸으로 전해졌다. 셔터에 올린 손가락이 긴장한 채 참매의 공격을 기다린다. 무리의 쇠오리가 웅덩이 쪽에서 참매가 앉은 버드나무 위로 날아오는 모습이 눈에 들어오는 순간, 참매가 발돋움을 하며 훌쩍 날아 쇠오리 무리의 뒤를 따르는가 싶더니 순식간에 덮쳤다. 쇠오리들이 똘똘 뭉쳐 허겁지겁 도망가는 뒤를 참매가 바짝 따라붙는다. 우르르 물 위를 낮게 날아가는 쇠오리 무리 속에서 두 마리가 갑자기 방향을 바꾸더니 무리와는 반대쪽으로 죽을힘을 다해 도망친다. 아니 내가 있는 다리 쪽으로 도망오고 있다. 쇠오리 무리를 쫓던 참매가 기다렸다는 듯이 무리에서 빠져 나온 쇠오리 두 마리를 뒤쫓는다. 뷰파인더 속으로 마주 날아오는 참매의 시퍼렇게 불을 뿜는 눈동자가 들어왔다. 역시 참매는 무리에서 낙오하는 녀석을 노렸던 것 같다. 참매의 공격을 피해 달아나던 쇠오리 두 마리 중 한 마리가 너무 급한 나머지 물속으로 뛰어든다. 뒤따르던 참매도 쇠오리가 들어간 물 위에서 잠시 제자리 날기를 하다가 주저 없이 물로 뛰어든다. 물보라를 일으키며 참매가 솟구치는데 발에 쇠오리가 들려 있다. 성공이다! 쇠오리를 단단히 움켜쥔 참매가 갈대숲에 날아내린다. 드디어 참매의 사냥 순간을 사진에 담았다.

간절히 바라던 순간을 포착했음에도 기쁨을 만끽하기보다는 찰나에 벌어진 사냥 모습을 찍었는지 걱정이 앞선다. 이전에 제대로 사진을 찍지 못했던 실수들이 떠올라 카메라에 담긴 사진을 확인하기가 덜컥 겁이 났다. 갈대밭에 내려앉은 참매를 보고 있는데 좀 전에 사냥하던 모습이 영화 속 한 장면처럼 되풀이되며 생생하게 겹친다. 쇠오

1~2 무리에서 떨어져 나와 급하게 방향을 바꾸어 달아나는 쇠오리 두 마리를 기다렸다는 듯이 참매가 뒤쫓는다. 매서운 참매의 눈매가 그대로 카메라에 잡혔다.
3 허겁지겁 달아나던 쇠오리 중 한 마리가 급한 나머지 물속으로 뛰어들었다. 참매는 물속의 쇠오리 머리 위에서 꼬리날개를 활짝 펴고 제자리 날기를 하면서 덮칠 기회를 엿보고 있다.
4 제자리 날기를 하던 참매가 기회를 잡았는지 망설이지 않고 물속으로 뛰어들어 단 한 번의 공격으로 쇠오리를 낚아챈다.

1	2
3	4

1 2 3 4 5　1~5 물속의 쇠오리를 낚아챈 참매가 쇠오리 날갯죽지를 움켜쥐고 물 위로 날아올랐다. 참매는 누구의 간섭도 받지 않고 먹이를 먹을 수 있는 갈대숲으로 날아갔다.

먹잇감을 들고 갈대밭에 내려앉은 참매는 먹이를 먹기에 적당한 장소인지 주변을 살피고 있다. 사냥도 은밀하게 하지만 먹이도 숨어서 먹는 습성이 있다. 참매가 버드나무를 날아올라 쇠오리를 낚아채 갈대밭에 내려앉을 때까지 불과 8초밖에 걸리지 않았다. 이 8초의 순간을 위해 4년이란 시간을 기다려야 했다.

청지천에서 쇠오리 수컷을 사냥한 참매는 언뜻 다 자란 어미 새로 보이지만 가슴에 가로줄 무늬가 굵고 보라매의 표상이라 할 세로줄 무늬가 여전히 남아 있는 어린 티가 가시지 않은 청년 새이다. 오리의 가슴 깊이 날카로운 발톱을 박고 있는 모습이 당차다.

리 두 마리를 뒤쫓으며 나를 향해 날아오던 참매의 이글이글 타오르는 눈동자가 아직도 눈앞에서 어른거린다. 그동안 수없이 많은 실수를 되풀이하며 힘들고 안타까웠던 모든 순간들이 강렬한 참매의 눈빛에 녹아드는 듯하다.

사냥에 성공한 참매는 아직 숨이 넘어가지 않은 쇠오리를 두 발로 지그시 움켜쥐고 주변을 살폈다. 당당한 녀석의 모습이 한 폭의 그림 같이 아름답다. 야생의 참매가 야생 그대로 오리를 사냥하는 모습을 찍겠다고 이리 뛰고 저리 뛰었던 4년의 시간이 눈앞에서 주마등처럼 지나갔다. 애써 들뜬 마음을 억누르며 사냥한 먹이를 조심스럽게 다루는 참매의 다음 모습을 찍기 위해서 카메라를 다시 겨눈다. 참매의 발톱에 몸뚱이를 잡힌 쇠오리는 아직 살아서 고개를 바짝 들고 있다. 참매의 사냥 성공을 반기면서도 한편으로 쇠오리의 죽음은 안타깝다. 쫓는 자와 쫓기는 자, 먹는 자와 먹히는 자의 숙명은 엄연한 야생의 법칙이 아니던가? 그런 질서가 유지되는 건강한 야생이 있기에 매복의 사냥꾼 참매도 천년의 세월을 이어왔을 터이다.

참매는 자신이 먹을 만큼만 사냥하는 멋진 녀석이다. 하루에 한 번 정도 사냥하는 것으로 보이는데 절대로 욕심을 부리지 않는다. 사냥감이 많다고 해서 허투루 생명을 죽이는 법이 없다. 잡은 먹이는 그 자리에서 먹으며 배가 차면 미련 없이 버리고 떠난다. 설혹 먹을 것이 남았더라도, 그것은 배고픈 다른 야생 동물의 먹이가 된다. 가진 것을 여린 동물들과 나누어 먹는 배려일 뿐 아니라 오랜 시간 자연을 지배해 온 법칙이자 순리다. 은밀하고 까다로운 사냥 습성을 가진 참매는 그 버릇 때문에 사진을 찍어야 하는 나를 늘 힘들게 했지만, 그럼에도 나는 이런 참매의 깔끔한 성품을 진정 좋아한다. 배를 채우고는 훌쩍 떠나는 참매의 뒷모습이 멋지고 아름다운 이유이기도 하다. 오랫동안 갈망하던 참매의 사냥 순간을 찍었다는 성취감보다 카리스마 넘치는 참매의 위풍당당함을 다시 한 번 더 확인하는 기쁨의 순간이었다.

참매와
더불어 살 수 있기를…

지난 8년 동안 봄이면 새끼 키우는 모습을 찍으려 산속 참매 둥지 앞을 지켰고, 겨울에는 사냥하는 모습을 담기 위해서 4년이나 충남 서산의 천수만에서 살다시피 했다. 새끼를 키우는 모습은 둥지 앞을 지키고 앉아 있으면 찍을 수 있지만 사냥 순간은 그야말로 길도 없는 광야를 헤매는 심정이었다. 참매가 사진을 찍을 수 있는 거리 안으로 언제 들어와 줄지 예측할 수도 없을뿐더러 민감한 성격만큼이나 사냥 습성도 까다로워 애를 먹였다. 지난 4년 동안 위장 텐트이든 자동차 안이든 내가 머물고 있는 곳 바로 앞에선 단 한 번도 사냥을 하지 않았다. 우연인지 참매가 알고 일부러 그랬는지는 몰라도 늘 내가 있는 곳에서 멀리 떨어져 사냥을 했다. 까다로운 녀석들은 자동차 안에 사람이 있는지 없는지도 살피는 듯했다. 참매보다 먼저 사냥터에 도착해서 기다리고 있어도 자동차에 내가 타고 있으면 주변에서 절대 사냥을 하지 않았다. 아무리 오리가 많아도. 어쩌면 참매는 오히려 내 차가 다른 곳으로 옮겨 가기를 기다렸던 것일지도 모르겠다. 그런데 아무리 기다려도 자동차가 미동도 하지 않으니까 참매가 다른

1	2
3	4

1 2006년 충청북도 야산의 낙엽송에 둥지를 튼 참매 부부는 알 세 개를 품어 두 마리를 부화시켰으나 그중 한 마리만 남아 자라다가 어느 날 깜쪽같이 사라졌다.

2 2008년에는 강원도에서 낙엽송에 둥지를 짓고 알 세 개를 품어 새끼 두 마리를 무사히 키워 낸 둥지를 지켜봤다.

3 2010년 충청북도에서는 소나무에 둥지를 틀고 알 네 개를 품었으며 그중 세 마리의 새끼를 부화시켜 모두 무사히 둥지를 떠나보냈다.

4 2012년에는 충청남도에서 소나무에 둥지를 만들고 네 개의 알을 품어 하나도 놓치지 않고 잘 키워 둥지를 떠나보낸 참매 부부를 지켜보았다.

1 서산 해미천에서 참매가 물속으로 몸을 숨긴 오리를 뒤쫓아 물로 뛰어들려고 하고 있다. 숲의 제왕인 참매는 물도 두려워하지 않는 것 같다.
2 물 위에 사는 수면성 오리로 알려져 있는 청둥오리도 위급한 상황에 닥치면 물속으로 도망을 친다. 참매는 물속으로 달아난 청둥오리를 잡는 데 결국 실패했다.
3 물닭은 참매가 가까이 다가와도 크게 겁내지 않는다. 녀석들은 참매의 눈치를 살피다가 급해지면 물속으로 몸을 숨기는데, 참매도 그런 물닭을 물속까지 따라가 공격하지는 않는다. 아마도 물닭은 물속에서도 헤엄을 잘 치기 때문에 쉽게 낚아챌 수 없어서 그런 것 같다.

1 2 1 참매가 알락오리 수컷을 사냥해 배불리 먹고는 미련없이 떠났다. 가슴과 다리의 살을 발라 먹고 내장과 머리 부분은 훼손하지 않았다.
2 참매가 사냥해서 먹고 버린 청둥오리 암컷으로, 역시 가슴과 다리의 살만 먹고 머리와 내장은 건드리지 않았다.

곳으로 옮겨갔던 것 같다. 늘 내 차로부터 안전한 거리를 확보한 후에 그곳에서 사냥을 했다. 그 거리가 80~100미터 정도이니 사진은 찍지 못하고 눈으로 관찰만 하기를 여러 번했다. 4년 동안 그 횟수가 20번 남짓이니 녀석들의 예민함을 짐작할 만하다.

그런 어려움 속에서도 공중에서 오리를 낚아채는 모습, 멧새 같이 작은 새를 낮게 날면서 잡는 것, 막 날아오르려는 오리를 논바닥에서 잡는 모습, 모래톱에 올라왔던 물닭이 물속으로 들어가기 직전 잡는 모습, 기러기 무리 속에 섞여 있던 흰뺨검둥오리를 논바닥에서 잡는 모습과 물속에서 오리를 잡는 것 정도는 볼 수 있었다. 물속에서 사냥한 오리는 쇠오리가 가장 많았고 알락오리, 청둥오리, 넓적부리, 혹부리오리 들도 있었다. 신기했던 것은 주로 물에서 지내는 물닭으로, 참매가 공격을 시작하면 꽁지 빠지게 달아나는 다른 새들과는 달리 참매의 움직임을 지켜보다가 잡힐 듯 가까이 다가오면 비로소 물속으로 들어가 숨었다. 특이한 것은 참매도 마찬가지로, 단 한 번

1	2
3	4

1 날씬하고 날렵한 뒷모습으로 보아 수컷인 듯한 참매가 막 넓적부리를 사냥했다. 아직 숨이 끊어지지 않은 넓적부리가 퍼덕이고 있다.
2 암컷으로 보이는 참매가 제 덩치와 비슷한 혹부리오리를 용케 사냥해 밟고 있다.
3 청둥오리 암컷을 사냥해 먹고 있는 이 녀석은 가슴에 세로줄 무늬가 아직 남아 있는 것으로 보아 패기 넘치는 청년 수컷 참매다.
4 쇠오리 수컷을 사냥한 참매의 모습이 당당하다. 녀석은 가로 무늬의 깃털선이 굵은 것으로 보아 아직 젊은 수컷 참매로 보인다.

도 쇠오리를 사냥하듯이 물속에서 물닭을 낚아채질 못했다. 아마도 물닭이 숨는 물 깊이는 참매가 감당하기에 좀 벅찬 듯하다. 참매가 물속으로 숨은 오리를 잡을 때 보면 물로 뛰어들어 오리를 움켜잡고는 날개를 넓게 물 위로 펼치고는 마치 수영선수가 접영을 하듯이 날개를 앞뒤로 저어서 낮은 곳을 찾아 헤엄을 치는 데 거침이 없다. 참매가 헤엄치는 모습을 보고 있으면 나도 모르게 "영차! 영차!" 박자를 맞추게 되어 혼자 웃은 적도 있다. 아마도 참매는 헤엄을 본능적으로 하는 것 같다. 간혹 사냥한 곳의 물이 깊지 않아서 오리를 잡은 발이 물밑 바닥에 닿으면 헤엄을 치는 대신 오리를 움켜쥔 채 바닥을 박차고 날아오르기도 한다. 참매는 사냥만 은밀하고 까다롭게 하는 것이 아니다. 먹이를 먹을 때에도 마찬가지다. 사냥한 먹잇감이 보이지 않도록 수풀이나 갈대숲 같은 곳으로 끌고 들어가 먹는다. 어쩌다가 사방이 트인 모래톱에서 먹이를 먹으면 어김없이 까치가 찾아와 겁도 없이 귀찮게 훼방을 놓았다.

　겨울이라고 모든 참매가 오리만 사냥하는 것은 물론 아니다. 하루는 청지천에서 참매를 기다리다가 한낮이 되도록 참매가 나타나지 않아 차를 몰고 도비산 자락을 돌아 다른 곳의 참매를 찾아 나선 적이 있었다. 한참을 달리다가 벼 베기를 하지 않고 버려둔 길옆 논에서 비둘기 무리가 벼 이삭을 따 먹는 것을 보고 차를 세웠다. 큰 기대 없이 혹시나 하는 마음에서 참매를 기다려 보았다. 참매의 까탈스러운 습성을 잘 알고 있기에 차 안에서 꼼짝 않고 있었다. 100여 마리는 됨직한 비둘기들이 정신없이 벼이삭을 훑어 먹는 모습을 살피면서 준비해 간 도시락으로 점심을 먹고 있는데 비둘기들이 우르르 한쪽으로 몰리며 날아갔다. 무슨 일인가 살필 사이도 없이 비둘기 뒤를 따르는 참매 어미 새 한 마리가 눈에 들어왔다.

　논바닥을 스치듯 낮게 날아와 비둘기를 뒤따르다가는 다시 하늘로 솟구치는 모습이 마치 다큐멘터리 방송의 한 장면처럼 힘차고 멋있었다. 한 손에 젓가락을 든 채 어!.

1~4 참매 어미 새가 청지천에서 쇠오리 한 마리를 사냥했다. 물이 깊어서 바로 날아오를 수 없자 날개를 팔처럼 앞뒤로 저으면서 능숙하게 얕은 곳까지 헤엄치고 있다.
5 사냥한 쇠오리를 움켜쥐고 얕은 곳까지 헤엄쳐 나온 참매가 어디로 날아갈지 주변을 살피고 있다.
6 쇠오리 수컷을 한 쪽 발로 움켜쥐고 날아오르려고 하는 참매 어미 새의 날갯짓이 힘차다. 쇠오리의 무게가 꽤 나가 보이는데 들고 날아가는 게 힘들어 보이지 않는다.

1	5
2	6
3	
4	

참매 어미 새가 매복하고 있던 나무에서 오리를 공격하기 위하여 공중제비 하듯 날아 내리는 모습이 날래고 힘차다.

하는 사이 하늘 높이 솟구쳤던 참매는 크게 원을 그리며 빙빙 돌아 날아 왔던 쪽으로 날아가 버렸다. 아마도 평소 보이지 않던 낯선 차가 서 있어서 사냥을 포기한 것 같았다. 예민하기가 해미천의 참매와 다를 바 없었다.

 겨울에도 참매들은 자신만의 영역이 있는 것으로 짐작된다. 산자락에서 산새를 사냥하는 녀석이 있는가 하면 물에서 오리만 사냥하는 녀석도 있는 것 같다. 천수만에서도 서로 다른 개체가 세 군데 영역을 각각 차지하고 활동하는 것을 직접 확인했다. 자신만의 영역에 한 마리만 있는 것인지 한 쌍이 함께 지내는지는 확인하지 못했지만, 세 곳에서 사냥하는 참매들이 각각 다른 개체일 확률은 높다. 우선 주로 활동하는 곳에서 서로 4킬로미터 내외의 거리가 떨어져 있고, 영역이 다른 해미천과 청지천에서 사냥한 참매가 사냥한 먹이를 다 먹고는 천수만 쪽이 아니라 반대편인 서산 시내 쪽으로 날아가는 것을 보았기 때문이다. 그러니 천수만 쪽에 있는 참매와는 다른 녀석일

1 참매 어미 새가 해미천에서 알락오리를 사냥해 갈대숲에서 뜯어먹고 있다. 참매는 먹이를 먹고 난 뒤에는 부리에 묻은 피를 깨끗이 닦아 내는 습성이 있다.
2 청지천에서 쇠오리를 사냥한 참매 어미 새가 갈대밭에서 배부르게 먹고는 갈대를 꺾어 입에 물고 부리에 묻은 피를 닦고 있다.

가능성이 높다.

　참매가 사냥하는 모습을 사진에 담기 위해 천수만을 찾은 지 4년째 되던 지난겨울에도 오리를 사냥하는 참매 어미 새가 해미천에 나타났다. 그런데 전과 달리 같은 시간에 어미 새 두 마리가 동시에 나타나기도 했다. 한번은 불과 10분 간격으로 50여 미터쯤 떨어진 가까운 거리에서 각각 사냥을 했다. 다 자란 어미 새 두 마리가 한 공간에서 다툼 없이 사냥하는 것으로 보아 한 쌍으로 짐작되었다. 더구나 그들은 각자 사냥해서 각자 먹이를 먹을 만큼 먹고는 따로따로 날아갔는데 방향은 같은 서산 시내 쪽이었다. '저 한 쌍의 참매 부부가 저곳 어디에선가 새끼를 키우는 텃새였으면 좋겠다'고 마음속에서 빌었다. 겨울에 보이는 참매는 다 텃새가 아니라 겨울을 나기 위해 북쪽에서 내려온 겨울 철새도 섞여 있다는 것을 잘 알고 있기 때문이다.

　참매가 이 땅의 높지 않은 산에서 새끼를 키워 내며 천년의 세월 동안 살아남을 수

아직 가슴깃털의 무늬가 목에서 꼬리 쪽으로 길게 나뭇잎 모양인 보라매가 하늘을 날면서 방향을 바꾸고 있다. 모든 날개를 활짝 편 모습에서 당당한 젊은 패기가 느껴져 아름답다.

1 참매가 즐겨 찾는 소나무 숲이 이런저런 이유로 점점 줄어들고 있어서 안타깝다. 이 참매 둥지는 해발 200미터쯤 되는 깊지 않은 작은 산의 솔숲에 있었다.

2 철새가 아닌 텃새로 자리 잡고 살아가는 참매가 많아지려면 건강한 숲이 조성되어야 한다. 숲이 깊어야 참매가 둥지를 틀고 알을 낳아 새끼를 키워낼 수 있음은 물론이고, 숲에서 청설모를 잡아와 새끼에게 던져준 것처럼 숲 생태계의 먹이사슬을 조절하는 역할도 수행할 수 있다.

있었던 것은, 은밀한 곳에 둥지를 틀고 은밀하고 예민하게 사냥하는 습성 덕분이 아니었을까 하는 생각이 들었다. 오랫동안 우리들로 하여 참매를 겨울 철새로 알게 하고, 사냥 모습을 사진으로 담는 데 몇 년씩 걸리게 하는 그들의 조심성 말이다. 그래서 그들이 둥지를 틀고 알을 낳아 새끼를 길러 낼 수 있도록 이 땅에 건강한 숲이 더 많아졌으면 하는 바람 또한 간절하다. 그래야 북쪽에서 내려와 이 땅에서 겨울을 보내고 다시 북쪽으로 돌아가는 대신 더 많은 참매들이 텃새로 남을 테니까.

그러나 현실은 참매가 둥지를 틀고 삶의 터전으로 삼는 소나무와 낙엽송 고목들이 산림 가꾸기를 핑계로 솎아 베어지고 있다. 사람들이 의식하지 못하는 사이에 참매의 보금자리가 줄어들고 있는 것이다. 생태계 먹이사슬이 건강하게 유지될 수 있도록 균형을 잡는 조절자로서 먹이사슬의 맨 꼭대기에 자리 잡고 있는 참매 같은 맹금류가 새끼를 키우기 좋은 숲이 더 이상 망가지지 않았으면 한다. 그래서 오랫동안 우리와 삶을 같이 해 온 참매의 멋진 모습과 힘이 넘치는 사냥 모습 등을 사철 내내 늘 곁에서 볼 수 있음은 물론이고, 이들이 알을 낳고 새끼를 키우는 둥지가 앞으로도 천년 아니 그보다도 더 오래 잘 지켜지기를 기대한다.